庖解公园城市

策规引领从云端到地面的转型

ANALYZE THE PARK CITY
Transformation from the Cloud to the Ground like Paoding

牟晋森　著

中国建筑工业出版社

图书在版编目（CIP）数据

庖解公园城市：策规引领从云端到地面的转型＝
ANALYZE THE PARK CITY Transformation from the
Cloud to the Ground like Paoding / 牟晋森著 . —北
京：中国建筑工业出版社，2023.6
ISBN 978-7-112-28697-3

Ⅰ.①庖… Ⅱ.①牟… Ⅲ.①城市规划—研究—中国
Ⅳ.① TU984.2

中国国家版本馆 CIP 数据核字（2023）第 080725 号

责任编辑：孙书妍
责任校对：孙　莹

数字资源阅读方法：
本书提供全书所有黑白印刷图片的彩色版，读者可使用手机 / 平板电脑扫描右侧二维码后免费阅读。

操作说明：扫描授权进入"书刊详情"页面，在"应用资源"下点击任一图号（如图 1-1-1），进入"课件详情"页面，内有以下图片的图号。点击相应图号后，点击右上角红色"立即阅读"即可阅读图片彩色版。

若有问题，请联系客服电话：4008-188-688。

庖解公园城市　策规引领从云端到地面的转型
ANALYZE THE PARK CITY　Transformation from the Cloud to the Ground like Paoding
牟晋森　著

*

中国建筑工业出版社出版、发行（北京海淀三里河路 9 号）
各地新华书店、建筑书店经销
北京建筑工业印刷厂制版
北京富诚彩色印刷有限公司印刷

*

开本：787 毫米×1092 毫米　1/16　印张：26　字数：449 千字
2023 年 8 月第一版　　2023 年 8 月第一次印刷
定价：**148. 00** 元
ISBN 978-7-112-28697-3
（40869）

序 一

"公园城市"理念对于城市建设具有重要的指导意义，对我国城市生态和人居环境建设提出了更高的要求。伴随改革开放四十多年的变革，作为人与自然紧密关联的风景园林设计建设，取得了日新月异的发展。随着社会进步与经济发展，人们对高品质生活环境的需求日益提升，城市与自然环境的关系，不再仅是追求单纯绿地面积的增加，更需要自然生态环境与城市功能可持续利用协调发展，这已成为城市居民绿色生活的重要组成部分。

认识牟晋森先生多年，他的专业探索与实践创新精神给我留下深刻印象。他勤于思考，敏于洞察，总能在不同项目上发现独特价值。他曾跟我多次谈起近几年在成都主持参与多个公园项目的规划设计及建设感受，其思考深度与广度远超公园本身的范畴。本书结合作者从业近 20 年以及在成都公园城市项目建设过程中的思考与实践，从"认知""方法""实践"等多视角、多方位、多层次，以及从项目建设的前期策划、规划设计、建设营造、运营管理的项目全生命周期，对"公园城市"进行了深入探索研究。本书的核心价值在于首次清晰而全面地阐述了策规引领公园城市建设的方法、作用与价值，强调多元价值的可持续性。

观阅牟晋森先生送我的书稿，能欣喜地感受到他对新时代风景园林的核心内涵和涉及的领域有着自己独到的理解与思考，对"公园城市"的解读具有多层深度与特别的视角，全书图文并茂、深入浅出、文风朴实，值得一读。

在此衷心祝贺《庖解公园城市 策规引领从云端到地面的转型》一书的正式出版，也衷心期待"公园城市"理念在更多城市得到更好的实践诠释。

朱祥明

全国工程勘察设计大师
中国风景园林学会副理事长
上海市风景园林学会理事长
2023 年 2 月 12 日于上海

序 二

本书作者牟晋森先生，是 20 年前我留校任教后教过的最早的一批研究生。当他带着厚厚的书稿来请我写序时，我很好奇他为什么毕业后一直从事一线的景观实践，而且还有心力把所思所悟，汇编成册。这到底是怎么想的？他说是有受我的影响——"大学是一个可以做梦的地方，有机会做一些不着边际的探索，要大胆想、大胆试……"虽然离开校园多年，每天面对的都是骨感的现实，但因为热爱而不敢停止"做梦"；虽然专业与行业发展泥沙俱下，但热情始终没变。就如同钱学森先生"山水城市"的创见一样，"公园城市"意在转型发展，虽始于公园，却并不止于此，"公园城市"是景观专业与行业升级发展的大机遇。我深以为然，也很欣慰。

自 2018 年习近平总书记正式提出"公园城市"理念以来，社会各界便积极开展对公园城市理念的理论研究与实践路径探索。晋森也不遑多让，短短三年时间，已在成都落地多个不同类型的标杆性项目实践，并在实践中不断升维对公园城市发展模式的认知，尝试创建与之相匹配的新的方法体系，并通过实践对比进行验证和反证，这是本书的写作特点与核心逻辑。

同济设计教育深受包豪斯学派的影响，重在理论联系实际，鼓励多学科交叉融合，培养具有前瞻性、全局观、国际视野与创新精神的全面性人才。本书按照认识论—方法论—实践论的逻辑思路对公园—公园城市高质量发展进行深入浅出地庖解，一字一句，都是一踅步一踅步的积累，久而久之，方成千里。这种"从实践中来，到实践中去"的工作方法，和这种不求速成的治学精神，正与同济大学人才培养观一脉相承。

从书中可以看到，晋森很享受从一名传统的景观师转型成为一名新型的"公园城市设计师"。书中"非典型"的专业观点多是作者的独立思考与创见，叙事具有故事性和代入感，适合从事与关心"公园城市"建设的业内外人士阅读。我相信这种来自一线的经验之谈对读者而言是会非常受益的。

衷心祝贺本书的正式出版，期待晋森的实践和研究不断精进，更期待"公园城市"理念能够发扬光大，引领我国城市在新时期的高质量发展。

娄永琪

同济大学副校长、教授

瑞典皇家工程科学院院士

2023 年 7 月于上海

自 序

作为一名景观师，最主要的工作对象就是城市公园；而作为一名"非典型景观师"①，实践方法和路径是非典型的，看待公园与公园城市也就有了非典型视角和维度，写作本书的目的也是在寻找一种非典型意义。这种意义并不是学术研究，因为学术研究是教授学者的工作意义；这种意义也不是案例集锦，因为案例实践是公司机构的生存意义。如果将景观业看作一个立方体，那么这两种意义就像是立方体的顶面和底面：顶面是学科自我认知——拯救地球式的学术平面，底面是社会大众认知——铺路种树式的工程平面。中间呢？几乎没有交集！学术缺乏足够的实用方法和路径手段指导实践发挥更大的社会价值，实践亦不能为专业能级的提升提供足够的能量支撑，这就是当下我国景观业的处境。虽然部分专家学者在"云端"拼命呼吁，依然不能取得人居环境科学领域的相应话语权；虽然实践派的园林人在"地面"辛勤劳作，依然不能摆脱门槛低、轻易被替代的尴尬。景观业理论与实践脱节的状态，往小了说，禁锢了行业的发展；往大了说，影响到了公园城市"让生活更美好"的进程。

不仅如此，景观业内的理论研究者、设计师、工程管理者与工匠、建设项目业主方、相关专业从业者以及热心市民，各自有各自的认知、语言和行为方式，而且差距较大；我深度参与了公园项目从云端到地面②的几乎每一个实践环节，深知其中的误解、矛盾与裂痕，常常为因此造成的短视、浪费和损失感到无能为力和不安。总幻想能找到一种很好的途径，用一种社会各界都能理解的语言解析这种认知差距，以化解彼此的误解。但一直苦于没有大段的时间和信手拈来的理论功底完成这一夙愿。在成都参与公园城市项目建设的三年间，我发现在公园城市理念下，社会各界对公园城市、景观和公园的认知差异愈发明显，由此引发的各种矛盾愈发突出，我想要揭示进而化解这种矛盾的欲望也就愈发强烈。

2022年春天上海因疫情封控期间，整座城市都慢了下来，而我彼时正在成都出差，有了三个月可以静心思考的宝贵时间。每天除了线上线下的会议，我会一直写到深夜，

---

① 非典型是相对于典型而言的，作者因多专业背景、多类型大跨度项目实践以及思维方法的不同而获称"非典型景观师"。

② 从云端到地面是一个形象比喻，指一个项目从前期谋划到最终实施落地的全过程。

天气晴朗的下午经常去近三年间参建的公园项目现场，详细回顾、复盘、梳理项目历程，总结优劣得失。通过对同一时期、不同类型、不同项目的实践效果进行横向对比思辨，发现认知差异是建设效果与效益差异的源头。"事实胜于雄辩"，"实践是检验真理的唯一标准"。基于此，本书尝试着像庖丁解牛一样，以反复实践的"游刃"剖解公园城市建设的各实践环节，用以揭示现象背后的方法与规律。因此，本书的写作始于多视角认知，而后以实践解析和验证认知更新下的思维方法创新，目标是希望社会各界在公园城市理念下，达成对公园城市和城市公园的认知共识，达成在策规①、设计、营造、运营思维方法上的知行合一，以期推动共建我国特色的公园城市。

策规、设计最重要的价值是想象力，而营造与运营则看重短期的价值实现，在传统的实践认知中，二者往往是割裂的，但在公园城市理念下，二者处于一个闭环体系内，甚至是合一的；需要打通想象与实现之间的隔阂，想象不应是虚无缥缈的，而应是基于现实并高于现实的可及浪漫，并具备从云端策规回到地面营造与可持续运营的可行及可控路径。这种以公园为核心，综合运用系统思维，通过资源整合、协同共创、伴随式成长达成可持续发展目标的公园价值闭环体系，或可称为"公园城市学"。它是以规划和风景园林为基础的人居环境科学，但其设计范畴应从有形的物理空间拓展至无形的城市社会系统，不仅协调传统的人与自然的关系，还应协调人＋自然与产业、商业、文化、社会之间的多元关系，以整体性思维构建可持续的公园价值实现。这个价值实现以社会问题与需求洞察为导向，以终为始，因地制宜，多方协作共创，将分散的城市要素整合为可持续的系统发展。

目前，人居环境学科体系下培养的景观规划师尚不能满足未来公园城市的发展需求，而应是跨学科、具备多元复合能力的"EOD②设计师"（或可称为"公园城市师"）。其核心价值应是基于生态环境和资源潜力"设一个计"，甚至是"连环计"，激活已有资源，并吸引更多优质资源集聚，从而驱动区域的发展；其最有可能是从传统的规划师或景观师进化而来，但挑战均不小。就景观师的进化而言，其职业能力需从末端服务者升维至公园城市EOD项目的架构师、整合者与驱动者。如果真能如此，则景观业这个"立方体"从"云端"到"地面"之间的中间层将逐步得以填充丰满。或许这就是我潜意识里写作本书所探索的非典型意义。

可能本书并没有高深的学术见解，也缺乏严谨的论证体系；相对于学术专著，本书无论是理论认知，还是实践方法，都可能被部分业内专家学者看作非典型，甚至"离经

---

① 策规即策划规划一体化的简称，是一个项目的顶层设计。

② EOD 是 Ecology Environment-Oriented Development 的缩写，即基于生态环境导向的发展。公园是城市生态环境的基底，本书重点研究以公园为核心导向的发展，又可称为 POD 模式，即 Park-Oriented Development。

叛道"。如果能够引发部分共鸣，甚至"鲶鱼效应"，则善莫大焉。在公园城市理念逐渐深入人心、城市公园建设方兴未艾之际，原本"专业对口"、大有可为的风景园林专业却被取消一级学科，实在是值得我辈深刻反思。对于个中原因或有不同理解，但关键原因应该还是学科与社会发展前景脱节严重，未能体现出其核心价值。吴良镛院士等老一辈学者所倡导的"三位一体"的人居环境科学体系中，风景园林这一角还是没能立起来。英国人类学家格雷戈里·贝特森（Gregory Bateson）曾经说过：人类所有的问题，在更高的思想层次上，都存在着解决方案。爱因斯坦也说过类似的话：人类的困境，源于人们往往试图在制造问题的层面解决问题。如果不能突破自身的专业圈层禁锢，如果不能"离经叛道"，风景园林学科与行业发展的希望何在？公园城市转型的实现路径何在？

毫无疑问，"公园城市"是中国城市未来的发展方向，现有的城市公园投资、设计、营造①、管理、运营体系明显不足以支撑其发挥核心价值，亟需进行全面转型。本书所阐述的实践方法是从公园城市项目实践中总结而来的，已被证明是适应公园城市需求的一种有效的解题思路，但未必是唯一或最好的解题思路。希望有更多各界人士共同参与探讨，同行逐梦②，在转型中折腾，在创新中成长，积少成多，聚沙成塔。谨改引鲁迅先生的名句与读者共勉：不在转型中爆发，就在沉默中消亡！

---

① 相对于"景观工程施工"一词，笔者更倾向于使用"营造"一词。因为工程施工强调按照图纸计划进行建造，只关注工程本身；而营造更注重建立一个体系，重视与周边环境的关系，更具生命力。
② 关于"梦"的话题，笔者曾在上海首届世界设计之都大会观展，偶遇同济大学副校长娄永琪老师，他说校园还是一个可以做梦的地方，有机会做一些不着边际的探索。由此引发笔者很多思考，走出校园多年的我们，还有梦吗？

前　言

　　庖解，顾名思义就是寓意像庖丁解牛一样，以娴熟刀法解题公园城市。策，原义为竹制的马鞭，以鞭策马，快速奔驰；规，本义为有法度的正圆之器。策规，引申为谋划策动事物发展。

　　中国城市正处于发展转型期，公园城市是我国城市转型发展的方向性共识。公园城市理念下，公园正成为引领城市转型的能量之源。从公园城市"首提地"到"示范区"，成都毫无疑问已经成为我国公园城市转型第一城。本书以一名非典型景观师的视角，结合在成都公园城市项目实践过程中的所闻、所思、所感、所悟，遵从先贤大哲"知者行之始，行者知之成——知行合一"的哲学辩证，期望如庖丁"游刃"一般，按照认识论—方法论—实践论的逻辑思路探索公园城市下以公园为发展驱动的系统转型。全书内容共分为5个章节：第1章首先从多个视角深度解读从公园到公园城市的认知转变；第2章探索公园城市理念下由认知转变引发的思维方法的创新——策规·极斗七星法，这套思维方法是EOD策规理念形成的基础和实践支撑体系；第3章以创新思维方法为指导，探索以EOD策规为引领的设计转型策动城市更新的实践路径；第4章探索以EOD策规策动城市新区发展的实践路径；第5章探索EOD策规策动公园走向市场化可持续运营的转型路径。无论是对于城市更新，还是对于城市新区，可持续发展才是策规的终极目标，也是其核心价值所在。这既包括以公园为核心的片区可持续繁荣，也包括公园本身的可持续运营。

　　知者行之始。认知是一切转变的开始，没有认知的转变，就难有思维与行动的转变。因此，第1章从多维度视角全面解读公园城市理念下对公园的认知。首先对西方和中国的公园城市进化简史分别进行了研究，梳理出东西方体系下的公园城市发展脉络和趋势；相比之下，中国的公园城市显然具有明显的山水乡愁基因。目前对公园城市的研究多是从城市的空间形态视角、人民幸福的普惠视角等显性视角讲公园城市"是什么"、应该"怎么干"；而缺少深入研究"为什么"、"公园城市"的背后逻辑是什么等核心问题，并不利于理念的理解、共识达成，以及传播与实践。因此，本书另辟蹊径，从公园的发展演进入手，尝试着从历史逻辑的视角解析公园城市建设背后的真正动因，分别是城市发展的逻辑视角、理想城市的探索视角、城市发展的动力视角、发展方式的对比视角以及公园的三维适应性视角。

公园城市是典型的 EOD 发展理念，新的认知和新的发展理念需要我们在传统的公园设计思维与设计方法的基础上进行突破创新。结合近 20 年"非典型"景观师职业生涯的实践经验，特别是近三年的成都公园城市实践，笔者总结并形成了一套以策规一体化设计为核心的"策规·极斗七星法"。需要说明的是，这些思维方法是"非典型"的、"非科班式"的。如系统思维、产业思维、片区整体发展思维，几乎都超越了景观专业本身的范畴；又如光势能原理、城市中医论、山水文脉主义、"七步三力"创意法则等设计原理与方法也都不见于风景园林学的学科体系。笔者希望通过借鉴相关学科原理来启发景观师的进化。上述"非典型"思维方法的创新，并不是完全"另起炉灶"，而是基于在公园规划设计领域已经形成共识的生态、美学、文化、在地性等基本原则；对于这些基本原则，本书不再作过多阐述。鉴于"公园城市"不同于以往的城市发展模式，相应的人居环境科学相关专业行业的发展也应作出适应性的调整。因此，本书还对公园设计师（景观师）和景观行业的转型进化方向和转型路径进行了一定的探讨，以期对公园城市理念下的景观业发展有所启发。

行者知之成。实践是认知形成的基础，又是检验认知的度量，二者密不可分。实践转型需要以新的思维方法为指导，而新的思维方法又恰恰来源于过往实践的升华。在公园城市理念下，公园不仅仅限于传统意义上的生态绿地或空间游憩范畴，公园设计的内涵更加丰富，外延更加扩展。公园城市是一种 EOD 驱动的系统的城市发展模式，生态环境（广义公园）已经成为公园城市转型的策源地，而 EOD 策规是策动转型的原点。本书第 3 章以公园策动成都北城的城市更新为例，解读公园设计服务范式的转型。首先以系统思维开展以公园为核心的片区策划规划一体化设计，然后以 POD 策规为引领开展公园的景观设计或 EPC[①] 总承包实践。其中，POD 策规实践分为发展型策规、风貌型策规、投资型策规与综合型策规四种类型，不管是哪种策规，都综合运用了第 2 章的创新思维方法，推动公园城市向高质量发展转型。本书第 4 章以 2024 年成都世界园艺博览会博览园的策规为例，深度探讨如何综合运用 EOD 理念及相关思维方法策动新城新区的发展，以期对同类型的大型项目的投资建设有所启发。

公园的高水平可持续运营是实现公园民生福祉初心的保障。公园城市需要兴建大量的公园作为城市的绿色本底，但随着经济发展方式和城市发展模式的转变，财政资金包

[①] EPC 是 Engineering Procurement Construction 的缩写，是指承包方受业主委托，按照合同约定对工程建设项目的设计、采购、施工等实行全过程或若干阶段的总承包。

办的传统模式将难以为继。将公园视为准公共产品①，通过市场化方式，鼓励社会各界多渠道参与城市公园投资建设和管理运营，将成为我国城市公园发展的趋势。所有的前期建设努力都是为了后续的运营，在策规设计阶段就应当完整构建可持续运营体系。本书第5章从运营的视角对城市公园进行了认知解读，对城市公园的市场化运营模式、体制机制进行了初步研究探讨，并通过案例解析积极探索公园运营的产品化路径，以期对公园的市场化可持续运营有所启发。

本书并不是一般意义上的专业理论研究，写作初衷是希望对公园从认知—方法—实践三位一体的转型解析，揭开公园城市的面纱，揭示公园发展的趋势；并以理论指导实践，以实践验证理论，探讨公园城市的转型方法，探索从云端到地面的实践转型路径。本书新思维方法指导下的实践跨度从前端的策划规划到中段的公园设计，再到后端的公园营造以及建成后的常态化运营探讨，几乎囊括了公园项目全生命周期的每一个环节（从云端到地面）；并结合项目推进过程中的多专业、多维度、多层次思考，以横向对比的手法进行回观反刍，揭示表面现象背后的底层逻辑认知。这是一条先哲从"格物"到"致知"，再到"知行合一"的探索与修炼路径，期待读者朋友们共同沉浸其中，同修共悟。从云端策规到后端运营，如若实现知其然，知其所以然，则必将形成一股公园城市转型的强大感召力与落地推动力，共建公园城市美好家园。本书对公园城市的研究方法与转型路径探讨，同样适用于新时代的乡村振兴，通过市场化与产品化的运营真正实现可持续的乡村活力，推动中国乡村的文明化进程。

相对于专业性的思考与探索，笔者更希望本书是一本关于公园城市与城市公园转型的专业科普读物，因为公园城市建设绝不是一项专业建设人士就能干好的事业，而是需要多专业、多层次、多方利益共同体的共识与协同共创，需要全民、全社会的共同参与。因此，本书的写作尽量剧情化、故事化，使用通俗的语言文字，避免晦涩难懂。是否达到了这一目标，还有待热心读者的阅读检验。

鉴于笔者水平有限，疏漏不妥之处在所难免，敬请读者批评指正。

---

① 准公共产品是指具有有限的非竞争性或有限的非排他性的公共产品，它介于纯公共产品和私人产品之间，如教育、政府兴建的公园、拥挤的公路等都属于准公共产品。对于准公共产品的供给，在理论上应采取政府和市场共同分担的原则。

目 录

第2章 公园城市下的思维方法创新——策规·极斗七星法 ······· 065

导 言 一　　　　　　　　　公园城市转型第一城

　　昔日,"九天开出一成都,万户千门入画图"。今天,"雪山下的公园城市,烟火里的幸福成都"成为国人皆知的幸福名片(图0-1,图0-2)。从公园城市"首提地"到"示范区",公园城市几乎已经成为成都的代名词,是新时期成都城市转型源源不断的能量源泉。

　　相较于贵阳、扬州等城市的公园城市建设在城市层面"自上而下"的探索,成都的实践探索则已经上升到了国家层面,而且成为深入人心的"全民共识"。成都公园城市的探索行动包括但又不仅限于政府机构的设置改革、理论研究与技术导则编制、公园城市相关规划与法规颁布,以及大型项目建设和大型活动举办等。成都的公园城市项目建设实践已经不仅局限于城市的绿色生态、空间形态层面的探索,而是渗透到社会、经济、文化、产业、商业、社区等社会各个领域、各个层面,掀起了一场立体化、全方位、全民性的公园城市发展变革,是一次中国城市经济社会向高质量发展转型的积极探索。

图 0-1　雪山下的公园城市

图 0-2　烟火里的幸福成都

1. 发展历程回顾——从首提地到示范区

（1）国家层面首提

"公园城市"理念为全国人民所熟知，始于习近平总书记于 2018 年 2 月在四川成都天府新区考察时指出"要突出公园城市特点，把生态价值考虑进去……"自此政界、学界、业界开始了对"公园城市"理念内涵的探索，力图构建"公园城市"理论体系，高质量建设美丽宜居公园城市。

（2）首次公开解读

2018 年 5 月 12 日，《成都商报》对成都市规划局、市规划设计研究院进行了专题采访，可视为成都官方首次对公园城市内涵特征等内容进行阐释及解读，即公园城市是全面体现新发展理念，以生态文明引领城市发展，以人民为中心，构筑山水林田湖城生命共同体，形成人、城、境、业高度和谐统一的大美城市形态的城市发展新模式。

（3）吹响建设号角

2018 年 10 月 11 日，《人民日报》发表署名文章"加快建设美丽宜居公园城市"。这篇文章可视为对成都公园城市建设定下基调，明确了成都公园城市建设更深刻的价值——"为城市可持续发展提供中国智慧和中国方案"。

一场轰轰烈烈的公园城市建设运动正式在成都拉开大幕。

（4）内涵全面阐述

2019 年 4 月 22 日，成都首届公园城市论坛在"公园城市"首提地天府新区举行。会议以"公园城市·未来之城——公园城市的理论研究和路径探索"为主题。联合国人居署和国内外城市代表、相关领域专家学者等齐聚成都，共同研讨公园城市理论框架、方法路径，并达成了"公园城市成都共识2019"。十项共识涉及城市发展的方方面面，可谓包罗万象，但抽象的语言阐述尚难真正在实施层面转化为路径共识。

（5）公园城市规划

2019 年 11 月，《成都市美丽宜居公园城市规划（2018—2035 年）》（以下简称《规划》）发布，明确了公园城市的阶段性发展目标，为落实公园城市发展路径描绘了清晰的路线图。

《规划》结合公园城市内涵、绿色生态价值、消费场景、城市品牌价值等首批 8 个重大课题的研究成果，形成理论框架，并结合成都实际编制形成。明确了美丽宜居公园城市"三步走"的发展目标，到 21 世纪中叶，成都将全面建成美丽宜居公园城市。

（6）国家层面支持

2020 年 1 月，中央财经委员会第六次会议对推动成渝地区双城经济圈建设作出重大战略部署，明确要求支持成都建设践行新发展理念的公园城市示范区。

2021 年 10 月，中共中央和国务院印发《成渝地区双城经济圈建设规划纲要》，"建成践行新发展理念的公园城市示范区"被写入构建双城经济圈发展新格局的规划纲要。

2022 年 2 月 10 日，国务院发布了《关于同意成都建设践行新发展理念的公园城市示范区的批复》，要求成都市要强化主体责任，积极创造可复制、可推广的典型经验和制度成果。

2022 年 3 月 16 日，国家发展改革委、自然资源部、住房和城乡建设部联合印发《成都建设践行新发展理念的公园城市示范区总体方案》，从国家层面支持成都建设践行新发展理念的公园城市示范区，探索山水人城和谐相融新实践和超大特大城市转型发展新路径。

2. 支撑体系建立——立体化、全方位

（1）组织机构支撑

2018 年 5 月 11 日，全国首个公园城市规划研究院——天府公园城市研究院在天府新区挂牌。

2018 年 7 月 18 日，天府新区公园城市建设局挂牌成立。

2019 年 1 月 14 日，全国首个公园城市管理局——成都市公园城市建设管理局挂牌成立。该局以成都市林业与园林管理局为基础，整合龙泉山城市森林公园管委会的职责，市国土局、市建委等部门的城市绿道、绿地广场、公园和小游园（微绿地）的建设职责，以及世界遗产公园、风景名胜区、地质公园管理保护职责等。随后，成都市辖区内各区县相继挂牌成立公园城市建设管理局。

2019 年 3 月 29 日，四川天府新区成都管委会与中国美术学院签订战略合作仪式，双方约定共建"公园城市文创研究院"，打造公园城市美学样本，联合策划国际艺术城、公园城市文创产业体系建设及公园城市文创人才引进培育。

2019 年 8 月 6 日，成都市公园城市建设发展研究院成立（曾用名成都

市风景园林规划设计院、成都市林业勘察规划设计院、成都市龙泉山城市森林公园规划建设发展研究院）（"企查查"登记信息），作为成都市公园城市建设发展研究的主要事业单位。

2021年1月13日，"为公园城市而生"的成都设计咨询集团有限公司成立，将原成都市市政工程设计研究院、成都市建筑设计研究院、成都市水利电力勘测设计研究院、成都市人防建筑设计研究院、成都市工程咨询有限公司5家设计院改制并入设计咨询集团。

另外，成都早在2017年9月就在全国率先成立成都市委城乡社区发展治理委员会（以下简称社治委），成都提出建设公园城市后，社治委负责统筹公园社区建设工作。

（2）理论研究支撑

为推动公园城市理论研究，成都与联合国人居署、清华大学环境学院等国内外多个领域的知名研究机构建立长期合作关系，系统开展理论研究与技术创新；并在成都市规划设计研究院加挂天府公园城市研究院，聘请全国多个领域的院士、专家组成顾问委员会，致力于开展公园城市理念内涵、价值转化、发展指数等20余项专题理论研究。目前已完成"习近平新时代中国特色社会主义思想指导下公园城市建设新模式研究""公园城市对市民生活品质影响的研究"等在内的多项课题研究；出版了《公园城市——城市建设新模式的理论探索》《公园城市——成都实践》等多本理论专著和实践总结著作。

2020年10月，在第二届公园城市论坛上，发布了由中国城市规划学会联合天府新区编制的《公园城市指数（框架体系）》，成为全球首个公园城市指数。

（3）技术导则支撑

成都市相关部门已经编制并发布《美丽宜居公园城市规划》等10余项规划和《公园社区人居环境营建导则》等30余项技术导则[①]，包括：

2019年10月，发布《成都市公园城市街道一体化设计导则》，提出街道营造理念的五大转变：道路红线设计向一体化设计转变、工程设计向景观设计转变、从车行为主向公交和慢行为主转变、从街道设计向街区场景营造转变、从重视地上空间设计向地上地下空间并重转变。构建"生活型""商

[①] 内容详见成都市公园城市建设管理局官方网站：牢记总书记嘱托 践行新发展理念 加快建设美丽宜居公园城市_2021年全省住房城乡建设工作会议_四川省住房和城乡建设厅（sc.gov.cn）。

业型""景观型""交通型""产业型"和"特定类型"六大街道场景。

2020年10月24日，发布《成都市公园社区规划导则》，公园社区作为公园城市的基本空间单元，应实现五大理念转变，包括从"社区中建公园"向"公园中建社区"转变、从"社区空间建造"向"社区场景营造"转变、从"标准化配套"向"精准化服务"转变、从"封闭式小区"向"开放式街区"转变、从"规范化管理"向"精准化治理"转变。

2021年7月19日，发布《成都市公园城市有机更新导则》，明确了成都有机更新的六项更新原则：留改建相结合，保护城市历史年轮；因地制宜，推动片区整体更新；推动城市新旧动能转换，提升城市能级；主动调适、多维统筹，促进职住平衡；践行绿色城市更新，促进可持续发展；政府引导、属地管理、市场运作、公众参与，形成长效治理机制。

2021年08月20日，发布《公园城市消费场景建设导则（试行）》，是全国城市中首份针对消费场景营建的导则，也是场景营城理念在成都渐成共识后，以政策形式率先在消费领域探索落地方案的"路线图"。

（4）法规条例支撑

成都市逐步构建关于公园城市建设的法规制度体系。截至2021年底，已制定并实施《成都市龙泉山城市森林公园保护条例》《成都市都江堰精华灌区保护条例》《成都市环城生态区保护条例》《成都市兴隆湖区域生态保护条例》等重要生态区保护法规。

2021年10月1日，《成都市美丽宜居公园城市建设条例》（以下简称《条例》）正式生效实施。作为首部公园城市领域的地方立法，《条例》从生态本底、空间格局、绿色发展、低碳生活、价值转化等方面详细阐释了成都将如何建设美丽宜居公园城市。《条例》鼓励市场主体参与绿色开放空间多元营运，依法以商业收益反哺运营维护。按照政府主导、市场主体、商业化逻辑的原则，通过营造生态景观、构建生态场景、实施生态项目，顺应个性化、体验化、品质化消费趋势，打造新业态、培育新场景、创造新消费，实现生态价值转化，推动公园城市生态、经济、美学、人文、生活、社会等多元价值持续增值。

（5）大型项目支撑

公园城市首先应构建公园形态与城市空间高度融合的空间格局，成都以"五绿润城"行动为抓手，构建起蓝绿交织的公园体系骨架。"五绿"分别为绿心、绿轴、绿环、绿脉和绿肺。

图 0-3 天府成都
全景鸟瞰图
图片来源: 成都市规划
和自然资源局(chengdu.
gov.cn)

城市绿心——龙泉山城市森林公园。由于成都确定了"东进"战略,城市格局从原来的"两山夹一城"转变为"一山连两翼"(图 0-3),总面积1275km² 的龙泉山的总体定位也由原来的生态屏障升级为"世界级品质的城市绿心,国际化的城市会客厅"。

城市绿轴——锦江公园(锦江绿道)。沿锦江两岸的锦江绿道北起都江堰,穿越城区,南至黄龙溪古镇,规划绿道总长 240km。锦江公园是指成都绕城高速北段南侧 500m 到绕城高速南段南侧的江滩公园锦江段,全长约48km,范围包括锦江河道和两侧开敞空间,沿线两岸各 1~2 个街区,总面积约 33.8km²。

城市绿环——环城生态公园(图 0-4)。成都环城(四环)生态公园位于中心城区绕城高速两侧各 500m 范围及周边 7 大楔形地块,涉及生态用地133.11km²,其中包括 100km² 生态农业区,为此专门成立了成都天府绿道生态农业科技有限公司,助力环城生态公园打造成为高品质农业示范区,发展都市农业模式。截至 2021 年底,在环城生态公园内已建成各级绿道 400km以上,其中环线 100km 的一级绿道已经建成贯通。

城市绿脉——天府绿道体系。《成都市天府绿道总体规划》筹划构建"一轴两山三环七带"的主体结构,包括区域级、城区级和社区级 3 级绿道,总规划长度 16930km。天府绿道体系将融合生态保障、慢行交通、休闲旅游、城乡统筹、文化创意、体育运动、高标准农业和应急避难八大功能,形成绿色生态、绿色功能、绿色交通、绿色产业、绿色生活五大体系。[1]成都市计划 2025 年初步构建绿道体系,2035 年全面建成。从 2020 年起,每年规划建设 1000 条社区级绿道"回家的路",配套书店、花店、商店、咖啡馆(茶馆)"三店一馆"基本设施。

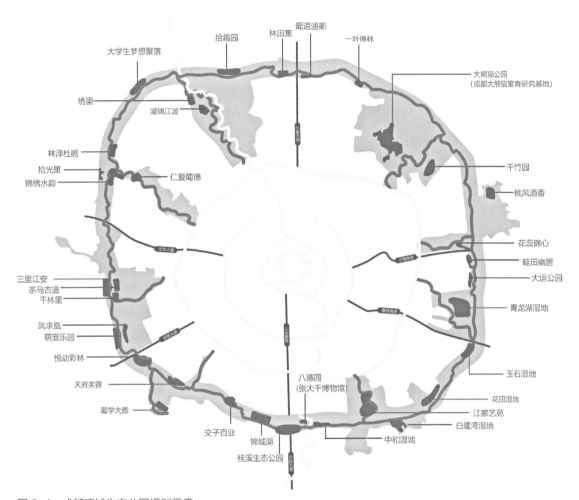

图 0-4 成都环城生态公园规划示意

图片来源：环城生态公园：通"绿脉"佩"绿环"，共建清洁美丽成都 _ 华西都市报 - 华西都市网（huaxi100.com）

城市绿肺——大熊猫国家公园（成都片区）。大熊猫国家公园保护以大熊猫为代表的生物多样性及亚热带山地和高山森林生态系统，大部分山体海拔在 1500～3000m。2018 年 10 月 29 日，大熊猫国家公园管理局在四川成都成立；2021 年 10 月，国务院同意设立大熊猫国家公园。大熊猫国家公园成都片区位于成都平原西北部，总面积 1445km²，占大熊猫国家公园整体面积的 6.6%，该区域分布大熊猫等珍稀野生动物和特有植物、特色植物。

（6）大型活动支撑

"雪山下的公园城市"已经成为成都走上世界舞台的名片，成都借建设公园城市示范区的东风，以世界文创名城、旅游名城、赛事名城和国际美食之都、音乐之都、会展之都"三城三都"为业态抓手，举行一系列重大国际赛事会展活动，包括第 31 届世界大学生运动会（原定于 2021 年举办，因新冠疫情推迟）、2022 年射击世界杯、2022 年世乒赛、2023 年足球亚洲杯、2024 年羽毛球汤尤杯比赛、2025 年世运会等高端国际赛事，据说成都正在探讨申办 2036 年奥运会的可能性。成都每年举办 1000 场左右的展会，并是中国西部国际博览会的永久会址；成功申办 2024 年成都世界园艺博览会等活动。通过大型国际活动交往展现成都公园城市、天府之国的独特魅力。

3. 转型逻辑初探

从"公园城市成都共识 2019"中的十项共识可以看出，"公园城市"承载着成都未来城市发展的诸多期望。类似于商场已经不仅是一个购物的场所，机场车站也不单纯是一个交通枢纽，"公园"的未来价值也将远远超出其"公园绿地"的传统价值范畴。成都举全市之力探索与实践"公园城市"发展模式，其目的并不仅仅在于生态环境治理和人居环境改善本身，而是有着更深层次的思考。作为一座常住人口超过 2000 万的国家中心城市，成都是四川乃至整个西部发展的龙头城市。随着传统工业的衰败与转型升级，探索后工业文明的新型发展模式变得越来越迫切。成都的产业发展也不是仅靠旅游经济和相关宜居生活服务业就能撑起来的，它的体量和使命注定要有更高的站位、更大的格局来理解公园城市理念。

城市的发展离不开经济增长，经济增长的基础在产业。在 2018 年 7 月 10 日，中共成都市委十三届三次全会首场新闻发布会上，成都公布了《成都市高质量现代化产业体系建设改革攻坚计划》，提出积极发展新经济、培育新动能，加快形成一批过千亿、过五千亿、过万亿的世界级现代化产业集群。传统的城市发展方式一般是先引进产业项目，然后招徕人才到当地就业生活，再逐步配套各种服务功能。这种先引产、后造城、再完善居民生活需求的路径是资本原始积累阶段的发展模式；在后工业社会的绿色发展新阶段，传统的路径已经行不通了。因为事实已经证明，如果一个地区吸引不到高端智慧人才，无论是传统产业的转型升级还是发展高新产业集群，都举步维艰。

西方社会自后工业社会以来，"创意阶层"[1]集聚的创新型城市，如伦

---

[1] 创意阶层泛指具有新理念、新思维、新技术的创新群体，包括所有从事工程、科学、建筑、设计、教育、音乐、文学艺术以及娱乐等行业的工作者，也包括高级管理人才和企业创新人才。

敦、旧金山、纽约等，无不是生态环境优美的宜居城市。20世纪90年代，新加坡提出要从"花园城市"（Garden City）迈向"花园中的城市"（City in a Garden），更注重生态自然的保护与绿色空间的网络化、系统化；同时，新加坡国家公园管理局与社会机构进行合作，赋予公园更多的城市意义，通过全年推出艺术与文化、音乐与表演、园艺与自然、运动与健康等主题的公园活动，实现新加坡公园城市建设目标——打造"每一个人的公园"。正是这样的转变，让公园从城市的点缀变为城市的基底和快乐策源地，成为吸引全球人才与资源、发展高端产业的重要磁铁，重塑后的"人—城—产"关系，正在开花结果。

"公园城市的真正要义是充满生命力，充满创新力，充满青年活力。"① "一个城市真正有没有生命力，就是看有没有人来，有没有创新创业富有创造力的青年人来。"②青年人是未来城市最重要的财富与竞争力。近年来，有越来越多的应届毕业生选择来成都就业，越来越多的四川人选择留在成都，越来越多在外打工的四川人回到成都，也有越来越多的外地人选择定居成都；过去10年，成都净流入人口约600万，人口净流入数量稳居全国前列。③成都除了拥有城市烟火的热闹、巴适安逸的休闲、蓬勃的朝气与经济的活力，雪山下的"公园城市"无疑让人们多了一个选择成都的理由。这也是成都与纽约、伦敦、新加坡等世界城市的个性化优势，现代化的大成都，在城里"吃着火锅、唱着歌"，还能"看得见雪山，记得住乡愁"。

半个多世纪前，美国著名城市学家刘易斯·芒福德曾说过这样一句话："城市应当是一个爱的器官，最好的经济模式是关怀和陶冶人。"[2]显然，成都领会了其中深意，率先确立了先行建设美丽宜居城市吸引人才和产业的新模式，即"你若花开，蝴蝶自来"的"筑巢引凤"模式。从"产—城—人"（即先产业，后生活，无暇顾及生态）到"人—城—产"（即通过基于生态的生活吸引新型知识青年，最终促进产业发展）的模式转变才是"公园城市"理念的真正逻辑。成都建设公园城市的目标是促进产业结构不断升级，让绿色与科技在自身产业结构中扮演越来越重要的地位，真正做到"人、城、境、业"高度和谐统一。

---

① 资料来源于网络：中国工程院院士吴志强：公园城市的真正要义在于充满生命力、创新力、青年活力（baidu.com）。
② 资料来源于网络：中国工程院院士吴志强：公园城市的未来是"家在公园"。
③ 数据来源于网络：人口流动大洗牌：成都笑了，天津哭了，北上广出乎意料|天津|北上广|常住人口|杭州|深圳|成都（qq.com）。

因此，公园城市理念是成都城市转型的系统解决方案。"公园城市"下的"公园"已经不仅仅是传统意义上的生态绿地建设与休闲空间营造的单学科问题，而是融合生态、经济、社会各领域可持续发展的复合性课题。[3] 在此大背景下，关系社会经济发展的各行各业都将作出适应性的调整。那么，与城市公园建设直接相关的景观师应当做出怎样的调整呢？其在未来的公园城市建设中，应当扮演什么角色，实现怎样的价值呢？

导言二　　　景观师转型的时代之需

作为一名景观师，常常会遇到以下情景：

场景一：陌生人相识

问：请问您是做什么工作的？

答：我是一名景观师。

问：景观师？（对方疑惑的表情，似乎没太听清）

答：是的！景观师（虽然回答掷地有声，但心里犯嘀咕：看来又得解释一番了）！

您也可以理解为是做园林的。

问：（对方立马豁然开朗）啊，园林，我知道，就是种花、种草、种树的。

答：（尴尬）差不多吧，种树只是一部分工作内容……（解释多了也没用，欲言又止）

问：嗯，懂了（心里想：说那么多有啥用，知道你是种树的就好了）。

场景二：项目启动会

领导：请××规划院做总体规划设计，布局要合理……

下属：好！

领导：请××建筑大师设计一座标志性建筑……

下属：好！建筑周边的配套绿化怎么安排？

领导：建筑设计单位能做就一起带掉，不能做就叫××园林设计院来做配套绿化……

下属：好！

领导：建筑施工单位要选有实力的大企业，安全标准、技术标准要求一定要高……

下属：好！绿化施工单位怎么选？

领导：配套绿化建议让建筑施工单位一起做掉算了，种种树也没啥技术含量……

下属：好！

场景三：建筑学院开会

规划系：我们是为城市发展做顶层设计的……

建筑系：我们是做地标性建筑的，建筑是城市环境中的主体……

景观系：我们是做生态环境设计的……

规划系：我们做完总体规划后，建筑设计一定要体现出城市品位，另外我们还会规划很多公园绿地……

建筑系：我们做完建筑设计后，景观绿化一定要与建筑风格保持一致，要突出建筑的造型语言……

景观系：我们不光能做公园绿化，还能做绿地系统规划，甚至……（被打断）

规划系：对了，总体规划布局出来后，请你们景观系来做绿地系统专项……

景观系：……

场景四：项目论证会

水利院：这个护岸一定要打桩的，得满足100年一遇的防洪标准……

规划师：这个红线不能突破，是控规规定的……

建筑师：这个墙不能动，有国家规范呢……

结构师：这个结构就是要这么大，按国家规范计算出来的……

景观师：这个问题最好从源头上解决，应该保留整体的山水骨架完整……

水利院：水利问题不好办……

规划师：改规划难度很大，周期很长……

建筑师：这个建筑体量大，动的难度很大……

结构师：结构就要这么大，没办法……

领导：（对景观师）你们景观根据各方的意见调整一下设计方案……

以上虚拟场景是景观师处境的常态。无论是学界的专家学者，还是业界实践派的景观师，对景观业的社会价值认知、社会价值贡献和专业能级地位都很不满意，但尚未找到有效的突围路径。当前，公园城市建设为景观业的发展提供了一个很好的机遇。纵观工业革命以来的城市发展史，景观业的发展与城市社会转型发展的大背景息息相关，我们可以从历史中得到启发。

英国是最先开始工业革命的国家，最先出现城市环境恶化等一系列社会矛盾，也是最先兴起城市公园运动的国家，由此产生了第一批城市公园设计师。随后，其他欧美国家也大致经历了同样的历程，最为典型的当属美国，纽约中央公园就是在19世纪中叶美国快速工业化和城市化负面问题集中爆发的大背景下兴建的。首席设计师奥姆斯特德并不是景观、建筑相关专业出身，也与艺术或设计学毫不相干；在设计纽约中央公园之前，他是一名杂志编辑，但他却是美国城市公园（详见第1.1.1.2节）、公园道（详见第1.1.1.4节）、公园系统（详见第1.1.1.5节）设计范式的开创者、美国现代景观设计学的奠基人，对后世的城市发展影响深远。景观学发展的另一个转折是在20世纪60年代末环境危机爆发的大背景下，麦克哈格在《设计结合自然》一书中提出以生态原理进行规划操作和分析的方法，使理论与实践紧密结合，扩展了传统"规划"与"设计"的研究范围，将其提升至生态科学的高度，使景观学真正向着综合性交叉学科的方向发展。随着社会的发展进步和新的社会问题的出现，近年来景观学的研究范畴更加广泛，如20世纪80年代纽约布莱恩特公园的改造就是基于社会学研究的景观提升（详见第5.4.5.1节）。

我国传统园林历史悠久，造诣也很高，但主要解决园林营造等美学问题。我国现代景观业的快速发展是在改革开放以后，特别是1998年房改之后，以空间、风格、形态的潮流变化为显著特征，风景园林学的发展也是建立在西方现代景观学理论体系之上，尚未形成适应我国城市发展特色的景观理论和实践体系。随着我国工业化和城市化进程所带来的环境问题日益严重，生态环境保护成为一项迫切任务。2018年全国人大通过的宪法修正案将生态文明写入宪法；也是在同一年，全国生态环境保护大会正式确立了习近平生态文明思想。近年来，随着生态观念越来越深入人心，对土地的生态设计也已逐渐成为景观师的基本素养。

　　但由于社会各界对景观的直观信息来源于身边的公园绿地与住区景观，对景观师的认知仍停留在"铺路种树"的配套服务层面上，这在客观上也限制了景观师在城市建设中更大价值的发挥。随着生态文明建设的深入，"公园城市"是我国大城市迈入后工业社会后，城市社会向高质量发展转型的系统解决方案。在此大背景下，景观师应当扮演什么角色？应该如何转型呢？"它是要解决人民生存环境的问题、城市重建的问题，解决城市复兴的问题"[①]，还有社会问题、发展问题、人与人的关系问题……城市是一个复杂的复合体，尤其是寻求高质量发展的"公园城市"。如果景观师能够基于自身的生态与空间设计优势，以公园为发展策动，成为具备复合知识能力的"公园城市"复合问题解决者，无疑是顺应时代潮流的进化方向。那么，第一步应从提升认知开始，景观师不应再以单一视角解决单一问题，而是应从多视角重新认识公园和公园城市。

---

① 引自俞孔坚在北京大学第三届"景观设计专业与教育"国际研讨会的发言：以大禹为祖：中国景观设计师的定位。

第 **1** 章

从公园到公园城市的认知转变
——多视角解读

1.0　引言

2019 年初，团队接到一个号称高标准、高要求的公园设计任务——设计成都的一个名叫"临水雅苑"的公园。当时我们对这个公园及其周边状况还全然不知，但很好奇高标准有多高，高要求具体是什么要求。对方答曰："要看你们的水平能不能让领导满意！领导可是专业人士。"领导的要求有多高呢？坊间传各区县曾经呈报了 12 个项目设计方案，不乏国际知名事务所和国内大院的设计作品，但没有一个不挨批。听到这个消息不免倒吸一口凉气，追问如何才能让领导满意？答复是按照"公园城市"理念进行设计……自此开始了对公园城市的研究、思考与实践。

那么，什么是公园城市？公园城市就是建很多公园吗？公园城市中的公园设计与我们传统认知的城市公园的设计有什么区别呢？

此前，曾多次听闻坊间关于成都公园城市建设的消息：计划新建 1000 个公园；建设总长 1.69 万 km 的世界上最长的绿道系统——天府绿道体系；改变城市规划格局，推进东进战略，将占地面积超过 1000km^2 的龙泉山建成城市绿心，实现从"两山夹一城"向"一心连两翼"城市格局的千年之变……这些野心勃勃的宏伟计划无疑是令人兴奋的，但作为一名专业人士，兴奋之余不免产生职业敏感性的疑问：这么大规模的慢行绿道与公园绿地的建设投资将会非常之巨大，资金从哪里来？更大的挑战在于建成之后每年的运维管理成本也是一笔不小的数目，成都的财政能支撑得起吗？促使成都市建设"公园城市"的动力是什么？又该如何破解这些现实难题呢？……

这里面一定有其内在逻辑！于是，我们找来政府会议通稿仔细研读，果然有答案！虽然叫公园城市建设，但通篇讲稿几乎没讲公园、生态、空间，主要关键词是"产业""产业植入""产业创新""产业迭代发展""新消费场景""商业化逻辑""国际化消费形态"等。通稿证实了其对十几个设计方案不满的坊间传闻，并指出"我们需要的规划就是风貌设计、产业植入和商业运营三位一体的规划"，鼓励引入有运营能力的产业企业搞设计、施工、运营一体化。

看完讲稿，我们心里有底了。这不就是近年我们在业内一直呼吁的"突破专业界限，往前端进化发展策划能力，往后端进化发展运营能力"的理念吗？团队近几年的项目实践就聚焦于"策规引领的 EPC ＋ O"[①]，在前期策划

[①] EPC 是 Engineering Procurement Construction 的缩写，O 是 Operation 的缩写，是指按照合同约定对工程建设项目的设计、采购、施工及运营维护一体化的总承包模式。

阶段就充分考虑后期商业模式运营的问题，从产业视角和片区整体发展思维切入进行项目谋划，而不是从传统的空间形态切入直接进行人居环境设计。目前大部分景观规划师普遍缺乏这样的思维视角，甚至认为这是自己的"分外事"而排斥；而社会上做商业策划的机构又普遍不具备空间规划和实施的技术能力与经验，策划案的落地性不够。这就导致"公园城市"建设的需求端对"三位一体"的规划大量而迫切的需求不能得到满足，供给侧与需求端存在严重错配，公园城市建设的需求倒逼规划设计供给侧的升级进化。

那么，为什么说"三位一体"的规划才是适应公园城市需求的规划呢？如何才能做到"三位一体"的规划呢？首先需要我们从不同的视角来全面认知和解读公园城市。

1.1 公园城市的历史视角

人类从未停止对理想人居的探索，从古希腊的"理想国"到东方的"大同社会"，从"空想社会主义"到"田园城市""光辉城市"，这些理想人居模型由于时代条件的局限而从未真正完全实现，但这些美好的愿景一直指引着我们不断探索、实践，并随着时代的进步，已经或正在部分地实现。

园林，作为人类文明智慧的一种高级表现形式，也是理想人居模型的重要构成因素。城市园林发展的历史也是人类文明进步、理想人居进程的写照。城市园林的发展经历了从私园到公园，从单个公园到公园群，从公园道连接到绿道贯通，再到在田园、公园基底中整体建城市，城市与自然融为一体的历程。

如果单以公园（自然）视角来看工业文明以来的城市发展史，城市的发展大致可分为两个阶段：前半段历程中，人类在自然中建城池，城市越来越大，但城市中的自然越来越少，人类离自然越来越远，人类开始逐渐觉醒、反省。后半段历程中，人类在城市中建设越来越多的公园，但也越来越发现建设速度远远不够，人类城市开始建立跟郊野自然之间的连接，逐步向自然开放，拥抱自然。这是一个从大自然进化而来的人类寻找家园、返璞归真的过程。因此可以说，所谓公园城市发展史，其实是一部人类城市回归自然的历史，过程中夹杂着人类的欲望、不甘、斗争与妥协，最终达成一种对生存资源的欲望与满足的和解状态。公园城市作为生存资源均衡状态下的"人造自然城市",在西方和中国表现出两种不同的进化路径。

1.1.1 西方公园城市进化简史

1.1.1.1 从私园到公园

世界造园史已经延续了上千年,但无论是西方规则的法国园林、模拟自然田园风景的英国园林,还是气势恢宏的中国皇家园林,或者曲径通幽的江南园林,造园的服务对象主要是社会的权势阶层。东西方园林都经历了一个从私园到公园的发展历程。

18世纪后,随着西方工业革命的进程和民主思想的进步,广大的工人阶级对恶劣城市环境的不满日益加剧,为了缓解种种社会矛盾,资产阶级政府将从封建王权贵族手中没收来的皇家宫苑、猎苑和私家花园向公众开放,开始了城市"公园"的历史。如伦敦的肯辛顿公园(Kensington Park)、圣詹姆斯公园(St James Park)、摄政公园(Regent Park)等均为皇家狩猎苑。19世纪上半叶,西方大部分皇家园林都已成为城市公园,但随着城市规模的不断扩大,经改造而来的原有皇家园林已不能满足大众的需求,于是各国开始了新建城市公园的运动。

公园应该属于人民;因而每一个常去公园的男人、女人和孩子都能说:"这是我的公园,我有权在这儿"。——美国现代景观学之父弗雷德里克·劳·奥姆斯特德(Frederick Law Olmsted)

1.1.1.2 公园运动

城市公园运动兴起于工业革命的发源地英国。始建于1843年、开园于1847年的英国利物浦伯肯海德公园,是世界上第一个动用政府公共税收征地建造并向公众免费开放的公园,标志着真正意义上的城市公园正式诞生。[4]

19世纪中叶,纽约等美国大城市的城市化进程加快,为解决包括脏、乱、差的城市环境和传染病在内的快速城市化问题,美国掀起了一场建设城市公园的浪潮。奥姆斯特德于1858年主持设计的纽约中央公园被称为真正意义上的、愉悦普通大众的现代城市公园典范。他提出"在拥挤燥热而坠落的城市气氛中,为中下层居民在城市的中心地带建立一系列的绿地和公共公园"。他的设计将原有地形地貌、水塘、慢行系统、绿化、道路、建筑等综合考虑整合在一起，为纽约市民建立了一处环境优美且充满自然野趣气息的公共空间。纽约中央公园取得了巨大成功，继而在全美正式掀起了一场影响深远的"城市公园运动"。这一时期内，旧金山、芝加哥、布法罗、底特律等大城市建设了多处大型城市公园，如旧金山的金门公园、芝加哥的华盛顿公园等。

在这些公园的规划设计中，奥姆斯特德的设计三原则被广泛应用，包括：① 满足人们的需要。为人们提供周末节假日休憩所需的优美环境，满足全社会各阶层人们的娱乐需求。② 考虑自然和环境效益。公园规划尽可能反映自然面貌，各种活动和服务设施应融于自然之中。③ 规划要考虑管理的要求和交通方便。1870 年，奥姆斯特德写成《公园与城市扩建》一书，提出"城市要有足够的呼吸空间，要为后人考虑，城市要不断更新和为全体居民服务"。这一思想对美国及欧洲近现代城市公园设计、城市规划乃至整个社会的思想进步都有着深远影响。

1.1.1.3 公园群

随着西方各工业国家城市公园运动的兴起，城市公园的数量不断增多，逐步形成了一定规模的公园群。[5] 这些公园群可以看作公园系统的雏形，它们有效解决了当时城市发展的许多问题，并深远地影响了城市空间的发展格局。其中，以伦敦摄政公园群和巴黎城市改造最有代表性。

伦敦摄政公园群 [6]（图 1-1-1）包括摄政公园、圣詹姆斯公园和绿园（Green Park），后来向西扩展至海德公园（Hyde Park）、肯辛顿公园等公园与摄政街（Regent Street）所形成的区域。整个公园群主要分为两个部分，北端为摄政公园及樱草山，南端是圣詹姆斯公园、绿园、海德公园与肯辛顿公园，中间由摄政街连接。在摄政街的道路交叉口设计城市广场，道路两旁设商店、银行及公共建筑，形成伦敦新的市中心。摄政街轴线连接南北两片公园，沿轴线形成金融和商业区，围绕公园形成居住生活区，从而进一步影响了城市的空间发展格局。这个公园群的格局一直延续和完善，并发展成为今日伦敦市中心一个庞大的公园系统。虽然历经百余年，公园群的基本布局也依然如初，不断生长和完善，成为伦敦城市发展的决定性结构因素。

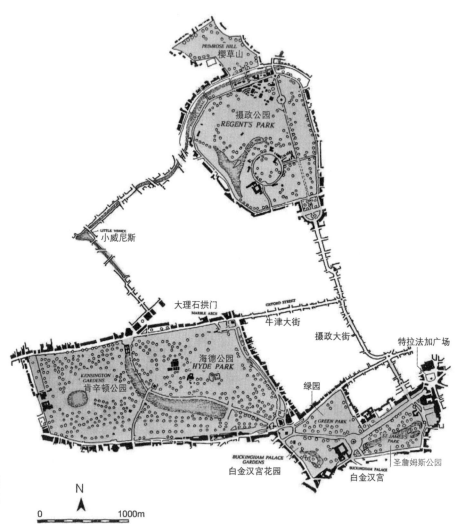

图 1-1-1 伦敦摄政公园群（1994 年风貌）[5]

　　受到英国伦敦摄政公园群的影响，法国的奥斯曼"巴黎大改造计划"中就建设了庞大的林荫道系统和城市公园群，并且影响了整个巴黎的发展。

　　奥斯曼对巴黎的道路体系、园林建设、土地经营、市政工程等各个方面均做出了统筹安排。他构建了一个放射状的林荫道系统，道路的交汇处形成节点，在节点处兴建广场，再由广场向外发散出轴线，从而形成巴黎的整体空间结构体系。在奥斯曼的领导下，风景园林师让-查尔斯·阿尔方（Jean-Charles Christophe Alphand）考察并总结了伦敦城市公园建设的经验与教训，认为伦敦的城市公园由于多由昔日的皇家园林改造而成，分布不均匀，联系性与协调性不足。因此巴黎的城市公园体系建设应当更加有序，公园应均匀分布，彼此建立联系并构成统一整体。于是，奥斯曼和阿尔方沿着巴黎的主要城市干道，特别是居住密度较高的街区附近兴建了包括蒙梭公园（Parc Monceau）、肖蒙山公园（Parc des Buttes Chaumont）等在内的 21 个街心公园和 5 座大型公园，并在城市的边缘兴建了 2 座大型林苑。奥斯曼开创了城市规划中的绿色空间理念，让林荫大道成为一个城市的标配。自那以后，在道路两旁种植绿色植物，在人群密集的城市中保留一片绿地，已经成为全世界城市规划者的共识。

为了使公园更好地与城市相融合，阿尔方还坚持将公园向街道和建筑打开，公园和街道上的景观可以相互呼应。[7]巴黎的城市公园对城市的空间发展产生了深远的影响，在城市内部，公园与城市进行了景色的交融；在城市外围，郊区林苑通过林荫道与城市内部进行了连接。加之遍布街头的绿地和游园，形成了一个宏大的城市公园体系。巴黎大改造计划使其成为当时世界大都市的典范，深深影响了维也纳、巴塞罗那、柏林、芝加哥等工业文明时代兴起的欧美大都市。

从伦敦到巴黎，城市公园群对于整体城市空间的塑造产生了重要作用，改变了传统的城市结构。首先，公园群影响了城市的形态和格局，在城市中规整的道路与建筑之间引入大片的自然式风景园，打破了原有城市规则生冷的布局；其次，城市公园群影响了城市的功能分区，城市中住宅开发多围绕公园进行，形成风景优美的居住区域，连接各个公园的大街两侧开设商铺，成为商业区域。最重要的是，公园群是城市进一步发展所必备的基础设施和预留空间。[8]

1.1.1.4 公园道

如果说伦敦和巴黎的城市公园群在人行系统的联系性上还稍显不足，只能称为公园系统的萌芽，那么，奥姆斯特德在美国通过公园道①的规划实践则逐步实现了公园系统这一理念。

奥姆斯特德年轻时，曾游历欧洲半年时间，并在设计建造纽约中央公园时，前往巴黎考察林荫大道和公园绿地系统。因此，奥姆斯特德的公园设计思想无疑受到了欧洲城市发展理念的影响。在纽约中央公园设计方案中，奥姆斯特德引入了立体交叉、人车分离的道路处理手法，即将步行路、马车道分离，有效解决了公园内由于有市内交通要道穿越而造成干扰的问题。在

---

① 19 世纪中叶，美国的城市化进程伊始，乡村与城市逐渐分离。奥姆斯特德认为仅靠公园单体难以改善城市，他设想把公园中的马车道延伸到城市当中，由此发明了公园道。

奥姆斯特德的提议下，布鲁克林市于 1870 年开始建设第一条公园道——伊斯顿公园道（Eastern Parkway）。从布罗斯派克公园延伸至该市威廉斯伯格（Williamsburg）区，道路总宽度 78m，中央为 20m 宽的马车道，两边种植着行道树，再往外为人行道。

1868 年开始，奥姆斯特德在布法罗市规划专用的公园路连接三个独立的公园（图 1-1-2）。其中，最北面的特拉华（Delaware）公园面积最大，达 14.16hm^2。西面的弗兰特（Front）公园占地 1.46hm^2，可以展望尼亚加拉河。东部的巴拉德（Parade）公园面积 2.27hm^2，建有儿童游乐设施。公园路宽 61m，连接着三个功能与面积不一样的公园，成为最早的具有真正意义的公园系统。

1871 年芝加哥大火后的重建中，提出以绿色开敞空间分隔市区，以此提高城市的火灾抵抗能力。在此背景下，奥姆斯特德与卡尔沃特·沃克斯（Calvert Vaux）一起完成了芝加哥南部公园区的公园系统规划（图 1-1-3）。通过设计一条水渠将杰克逊公园（Jackson Park）的咸水湖和华盛顿公园（Washington Park）的人工水池进行连通，沿着水渠设计了一条滨水公园路，以方便游人自由穿行于两个公园之间。在奥姆斯特德公园设计理念的引领下，美国的城市建设中通过公园道连接两个或多个公园的做法越来越普及，慢慢向公园系统进化。

图 1-1-2 布法罗市公园系统 [9]

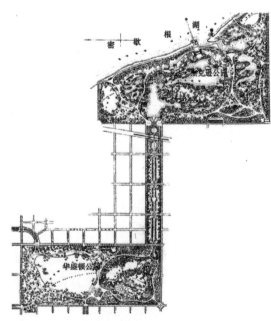

图 1-1-3 芝加哥南部公园系统 [8]

1.1.1.5　公园系统

通过公园道连接公园与公园之间，以及公园与市中心之间的实践逐渐深入，其价值得到了广泛的社会认同，大批城市开始纷纷效仿，美国最终逐步确立了公园系统规划的范式。美国对公园系统的定义为：公园（包括公园以外的开放绿地）、公园道，以及在公园道的基础上发展起来的"绿道"所共同组成的一个完整的城市公园系统；具有保护城市生态系统、增强城市舒适性、诱导城市开发向良性发展的作用。其中影响最大、最具有代表性的当属波士顿公园系统（Boston Park System，图 1-1-4）。

1878 年，为解决脏、乱、差的"城市病"问题，波士顿议会委托奥姆斯特德进行系统的公园规划。奥姆斯特德的"绿丝带"绿廊方案被昵称为"翡翠项链"（Emerald Necklace），即通过公园道串联起波士顿公地（Boston Common）、公共花园（Public Garden）、查尔斯河滨公园（Charles Bank Park）、联邦大道（Commonwealth Avenue）、后湾沼泽（Back Bay Fens）、牙买加公园（Jamaica Park）、浑河（Muddy River）公园、富兰克林公园（Franklin Park）和阿诺德植物园（Arnold Arboretum）9 个部分，全长约 16km，通过链状结构解决一系列城市"自然缺失"的问题。

奥姆斯特德深受英国田园与乡村风景的影响，他在营造每一处景观时都强调把自然的美景引入城市，形成田园牧歌般的自然风貌，同时在公园中会提供多样的活动场地，完全对外开放，不设门槛和限制，让人与自然和谐共处。奥姆斯特德还考虑到了公园系统对于城市发展的引导价值，他将公园路从城市近郊一直延伸到城市中心，形成连接城市和乡村的纽带。波士顿的城市发展围绕公园系统所形成的绿色空间展开，绿色廊道连接了城市和即将发展的区域，构建一个引导城市发展的复合结构，城市则沿着公园系统形成的绿色脉络生长。1903 年，"翡翠项链"基本成型，作为全美首条集休闲娱乐、户外活动和文化遗产旅游于一体的绿廊，串联起城市 12 个主要功能区域，沿线社区活力被激活，带来了巨大的社会和经济效益。

波士顿的"翡翠项链"公园系统被认为是现代公园城市的雏形，其基本形态表现为公园绿道与城市街区的完美衔接与融合。"翡翠项链"至今保留完整，且仍在不断完善升级，其对波士顿城市规划和城市发展的影响有增无减，它已成为城市公园系统的大动脉与活力中心。随后建设的城市公园和绿道，都纷纷接入"翡翠项链"的绿廊系统，共同编织着城市的新绿网，正在逐步实现着奥姆斯特德最初设想的完整的城市 U 形绿道系统（图 1-1-5）。

图 1-1-4　波士顿公园系统示意（现状）　　图 1-1-5　波士顿 U 形绿道系统示意（未来）

1.1.1.6　绿色为底的城市

（1）田园城市

西方工业革命进程中，面对城市无序扩张与城市病的不断出现，城市发展与环境恶化之间的矛盾日益突出。随着公园系统建设实践和理论的发展，有识之士开始探索更为全面系统的以人为本的城市规划解决方案。1898 年，英国著名的社会活动家埃比尼泽·霍华德（Ebenezer Howard）在他的著作《明日，一条通向真正改革的和平道路》中认为应该建设一种兼有城市和乡村优点的理想城市，并称之为"田园城市"（图 1-1-6）。

田园城市模型一经问世，就引起了极大关注，并迅即得到上层知识分子和政治人物的支持，并于 1903 年开始在莱彻沃斯（Letchworth）正式动工建设第一个田园城市样板。田园城市学说在短短 5 年间由纸上理论转为现实，促生了一系列直接影响城市政策的实践活动，同时也深刻改变了人们在城市中的生活方式和思想观念，并在全世界范围内掀起了一场声势浩大的田园城市运动。虽然由于其过于理想化的色彩挑战了根深蒂固的土地私有制度，最终未能得到很好推广，但对后世的城市规划思想产生了深远影响。

在霍华德的田园城市的基础上，美国著名建筑师赖特于 1932 年提出了"广亩城市"理念，建议将城市各个机构要素分散布局在各地，从而推动人居环境的分散和谐发展。美国建筑师沙里宁于 1942 年提出了"有机疏散"理论，主张将工厂从城市中疏散出去，将腾退出的土地空间用来建设公园绿地，追求城市社区单元发展中"生活安宁"和"交往效率"两个建设目标，其思想持续影响了第二次世界大战后西方各国的老城改造、新城建设和大城市"郊区化运动"。田园城市理念还直接影响了 1944 年的大伦敦规划方案，用绿带来控制大城市"摊大饼式"的无序扩张，在绿带以外建设若干个新城和卫星城的模式，为全球大城市所学习、借鉴和效仿。田园城市的分散发展理念一直影响至今。

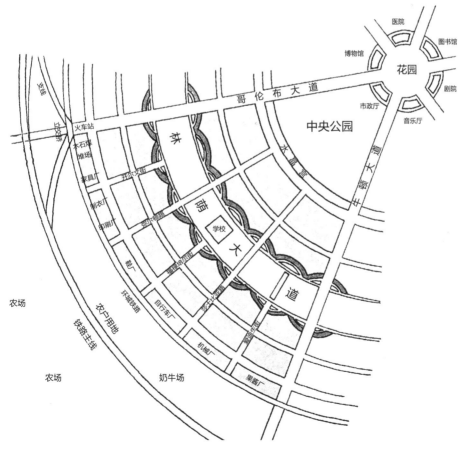

图 1-1-6 霍华德
的田园城市模型

（2）光辉城市

面对大城市过于拥挤、环境恶化等城市病问题，相对于霍华德提出的城市应分散发展的思想和3.2万人的田园城市模型，现代主义建筑大师法国人勒·柯布西耶（Le Corbusier）则提出城市应集中发展，主张从技术着手，改善城市有限空间，强调功能分区，主张提高城市中心区建筑高度，向高层发展，增加人口密度，以换取大面积的开敞空间解决城市拥挤问题，并于1931年发表了一座300万人口的"光辉城市"规划模型（图1-1-7）。

光辉城市的"图—底"关系由原来的以建筑为底、公园为图的关系转换成了以公园绿地为底、建筑为图的"图—底"关系。这与今天公园城市理念所提倡的"在公园中建城市"如出一辙。光辉城市的建筑屋顶也都披上绿色，屋顶花园、垂直农场都是标配；集中式的建筑布局让城市空出了大面积的公园绿地，公园中布局大量的公共设施、运动场、游乐设施等。勒·柯布西耶在书中这样描绘他的光辉城市："各式各样的运动设施，直接出现在人们的家门口，出现在公园中。整个城市一片绿意；这是名副其实的绿色城市。他们居住在大地上；当他们开始行走，双脚踩在真实的泥土上面。身边都是绿树、鲜花、草坪，远处是一片开阔的蓝天，小鸟在头顶鸣叫，树叶时而婆娑起舞，时而一片动人的寂静。这一切都令人的生命充满了喜悦。而这一切，都是精心的安排和科学的设计为我们准备的礼物。"[11]遵循这些规划思想发展起来的新加坡，就基本实现了兼具人性化、高效率、高密度、高绿地率的垂直"花园城市"，这也是很多大城市努力进化的方向。

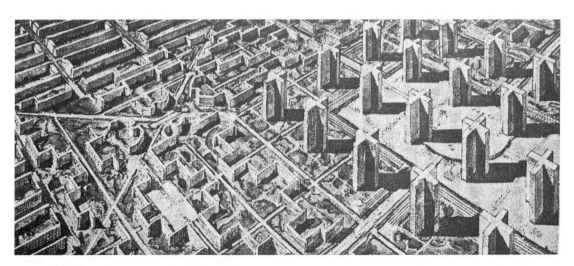

图1-1-7   勒·柯布西耶的光辉城市模型[10]

但由于"光辉城市"方案中底层架空的建造成本过高等问题，大量以"光辉城市"为原型建起来的现代主义城市并未实现规划中所描述的以绿色公园为基底的人性化城市。最终在世界各地建成的"光辉城市"就像是一部巨大的机器，机械的功能分区、矩阵式布局的高层建筑、高效的道路交通、千篇一律的城市空间，忽略了人的生命性和生活性，将活生生的人变成了没有情感、缺乏个性差异的"肉体机器"，生活在巨大的囚笼式城市之中。

（3）田园城市与光辉城市的对比

"田园城市"与"光辉城市"是机器化大时代下人们对于日益凸显的城市问题的两种截然不同的解决方案。一个沿水平扩展，一个垂直发展。但二者都强调绿色的城市、健康的生活是治愈城市顽疾的解决目标。

霍华德的田园城市将城市分散开来，让城市和乡村结合，在一定程度上缓解了大城市的拥堵和无序扩张等问题，但是对于现代城市来说，会落入只有"安居"没有"乐业"的陷阱。安居与乐业在解决当前城市矛盾的时候是不能分割、紧密相连的一个整体。20世纪50年代，美国西部出现了一些"田园化"的城市，像洛杉矶、菲尼克斯等城市就落入了田园城市的难题里，它们已完全失去了城市的密度，城市如摊大饼一样的扩张，"大马路＋小汽车＋独幢花园住宅"成为标准模式，使整个城市如同郊区，丧失了一个明确的市中心，中小商业纷纷败落，汽车成为城市中沟通的唯一纽带。这在土地和能源上都产生了巨大的浪费，这一模式难以推广。

勒·柯布西耶的光辉城市希望通过科技革命，并利用科技手段来破解城市难题，这在一定程度上代表着城市发展的方向。事实上，当今世界的大多数大城市，特别是中国绝大部分城市，都是朝着勒·柯布西耶所描绘的高密度摩天大楼的方向前进，却并没有完全遵循勒·柯布西耶的理论，只强调了建筑高密度，没有做到城市中以绿色公园为底的基调，更没有大面积的底层架空和室内街道的实现。当然这些在实际操作中必然会遇到土地所有制、建设成本高昂等种种问题而缺乏可实践性，而且勒·柯布西耶所构建的高效城市被诟病最多的，是缺乏最重要的人情味。人不应是机器的奴隶，而应是机器的主人，在城市人居环境中，创造"以人为本"的幸福生活才是最终目标。

在创造幸福的城市人居环境时，首先也是最重要的应当是让人们能够"安居"＋"乐业"。如果一座城市只做到"安居"，而少了"乐业"，就会像房地产商只顾着开发住宅楼盘，无节制地建设新小区，出现大量的"死城""鬼城"现象。但是如果只做到了"乐业",而没有重视"安居",绝大部分居民的工作地与居住地分离,又会陷入我们司空见惯的种种城市通病。住在远郊的年轻人每天花费很大一部分时间在上下班的路上,压抑的工作与生活环境、极高的房价和高消费使得人们在城市中感受不到温暖,就像勒·柯布西耶所说的那样,人们在这里迷失了自我,失去了对人最本性、最单纯的追求。这一问题似乎是城市发展过程中必须经历的阵痛,城市发展到一定阶段必然需要做出改变。

"田园城市"与"光辉城市"作为两种理想的城市模型,尽管存在很多缺陷,也无法完全解决不断涌现的城市问题,但霍华德与勒·柯布西耶两位城市规划先驱的初心,都是为了在当时的条件下建造真正属于"人民的城市"。两种城市规划理念共同奠定了我们今天的城市规划理论基础,后来出现的各种理论,例如埃利尔·沙里宁(Eliel Saarinen)的"有机疏散理论"、科拉伦斯·佩里(Clarence Perry)的"邻里单位"、凯文·林奇(Kevin Lynch)的"城市意向",以及简·雅各布斯(Jane Jacobs)提出的街区等理论,几乎都是在对上述两种理论批判和继承的基础上发展而来的,并在新的基础上不断探索创新。

1.1.1.7　绿道系统

19世纪中期兴起的公园道是城市公园系统的重要组成部分,主要是连接块状布局的城市公园并提供线形休闲游步道空间。第二次世界大战后,欧美国家的战后重建和快速城市化进程,随着城市人口的增加和中产阶层的扩大,人们对于增进身心健康的户外休闲、健康运动、旅游社交等活动的需求不断增加,城市内的公园系统已经不能满足人们的实际需求,公园系统向外扩展并实现网络化渐渐成为一种迫切需要。

1959年,美国人威廉·怀特(William Whyte)提出"绿道"一词,在其著作《最后的景观》(*The Last Landscape*)中,分析了带状绿地对于风景保护和户外休闲的特殊意义,并提出建设绿道对于保护开敞空间的必要性。1963年美国通过"户外休闲法"(Outdoor Recreation Act),1968年通过"联邦旅游体系法"(National Trail System Act),确保能够提供足够的开敞空间供人们进行户外活动。针对休闲空间不足的问题,由于绿道能够充分利用河岸、溪谷、丘陵、山脊、风景带等自然地势,通过自然道路和人工廊道连接城市公园、郊外绿地、国家公园等,使得城市内部公园系统、市域生态绿地系统、区域生态绿地系统、国家公园系统等不同等级的公园系统连接成为整体。沿绿道适合组织散步、自行车运动的回游线路，而且获得用地比块状公园绿地更加容易，其休闲游览功能受到重视，原来的公园路被重新规划、延伸、丰富，以符合人们的休闲需要。绿道的功能进一步扩展至可提供休闲活动和增进健康的场所、以洪水调节为目的的河道绿地保护、生态系统保护、历史文化遗迹保护和利用、促进多种交通方式平衡等。[12]

随着绿道的普及，进入 20 世纪 90 年代，绿道的制度和相关法规相继完善起来。美国国立公园局设置了游步道管理处，各个州的环境管理部门设置相应的绿道和游步道项目管理组织，对绿道的规划和建设实行技术和资金支持。1990 年，美国修正了《大气净化法》，要求大力促进替代机动车的交通方式。1991 年制定了《交通多样化效率法》(Intermodal Surface Transportation Efficiency Act)，1996 年制定了《交通均衡法》(Transportation Equity Act for the 21st Century)，积极推动以绿道代替传统的机动车道路，并制定了一系列资金补助制度。

20 世纪 90 年代之后，绿道在欧美发达国家迅速普及，已发展成为一个国际运动，美国、英国、德国、日本、新加坡以及我国的一些地方都有比较成功的实践。绿道系统普遍可以连接从城市中心的休闲娱乐功能，到远郊的荒野探险，以满足不同市民的需求。可以说，绿道系统是以一种渐进的方式，实现"田园城市"与"光辉城市"所强调的绿色城市、健康生活的城市发展目标，并通过与荒野自然的网络化连接，让城市居民自由回归自然。

1.1.1.8 生态城市

进入 21 世纪以来，人类面临更加严峻的环境挑战。20 世纪 70 年代的能源危机，引发了全球环境保护运动的日益扩大和深入，追求人与自然和谐共处的生态革命在世界范围内蓬勃展开。

1969 年，被尊为现代生态规划先驱的麦克哈格出版了《设计结合自然》一书，以生态学原理系统研究了城市、乡村、海洋和自然环境等工业城市扩张引发的问题，成为生态主义宣言，标志着生态城市设计思维的确立。[13]

1971 年，联合国教科文组织在《人与生物圈（MAB）计划》中首次提出生态城市的基本概念。20 世纪 80 年代，美国生态学家理查德·雷吉斯特（Richard Register）、俄罗斯生态学家杨尼斯基（O. Yanitsky）分别概括并阐述了生态城市的具体概念和建设原则。

1990年，雷吉斯特所领导的生态城市组织于伯克利组织了第一届生态城市国际会议，提出了基于生态原则重构城市的目标。此后连续举办了多届生态城市国际会议，生态城市理论进一步发展，并不断普及。

"生态城市"是指建立一个"生态健全的城市"，表明现代城市建设的奋斗目标，已从追求单纯静止的优美自然环境取向，转变为争取城市功能与面貌的全面生态化，以空间紧凑利用，发展"公交＋慢行"绿色交通系统、绿色建筑，保护自然空间和发展环境友好型产业为趋势的发展模式。生态城市是充分优化的"社会—经济—自然"复合系统，是应用现代科技手段建设的生态良性循环的人类家园。

生态城市的基本特征是人与自然和谐共处、互惠共生、共存共荣，物质、能量、信息高效利用，技术与自然高度融合，居民的身心健康和环境质量得到最大限度的保护，社会、经济与自然可持续发展。在地理上，"生态城市"也大大突破了传统的城市建成区概念，追求城乡融合发展的空间形态。在走向未来生态文明的进程中，生态城市是人类运用现代高科技寻求与自然和谐共存、可持续发展的城市模式。

美国的伯克利、巴西的库里蒂巴、澳大利亚的阿德莱德、瑞典的马尔默等城市是世界知名的生态城市样板，对我国的生态城市建设产生了积极的指导意义。20世纪90年代，我国学者开始进行生态城市设计的相关研究。2007年，中新天津生态城的诞生引发了全国建设生态城的热潮，笔者曾深度参与设计工作、于2009年正式开工建设的唐山曹妃甸国际生态城就以马尔默为学习蓝本。尽管大部分生态城的建设并未取得预期的效果，但从中不难看出城市转型已经势在必行，在综合考虑资源、环境、经济、社会等问题的基础上，需要清醒地认识到生态文明时代的来临。

与"生态城市"同时兴起的还有"绿色城市""绿色生态城市"等概念，其概念的内涵是基本一致的，不再一一阐述与区分。

1.1.1.9 国家公园城市

2009年，在国际风景园林师联合会亚太地区年会（IFLA APR）上，韩国造景学会会长曹世焕教授在发言中主张建立将风景园林与城市融为一体的公园城市（Park City）。提出在知识信息创新社会下的景观都市主义，通过风景园林专业，引领和诱导未来城市发展方向的城市战略。[14]

2013 年，地理学家、国家地理杂志探险家丹尼尔·瑞文·埃里森（Daniel Raven Ellison）提出"伦敦可否成为一座国家公园城市？"的设想。这一设想的原点是对伦敦城市生物多样性的思考。通过自下而上的方式得到伦敦市政府认可，由政府进一步采取软性措施，将国家公园城市的理念纳入伦敦城市规划、环境战略、交通战略，同时通过举办国家公园节，实现了建设国家公园城市的近期目标。2018 年，伦敦市长宣布伦敦将建设成为国家公园城市，并把国家公园城市的建设目标写入《伦敦环境策略》，作为城市环境建设中绿色基础设施板块的发展目标；在《伦敦规划》中，将国家公园城市的理念纳入城市总体规划文件，构建从理念到政策的连接。[15]

2019 年，伦敦宣布成为全球第一座国家公园城市，并颁布了《伦敦国家公园城市宪章》作为建设标准。所谓"国家公园城市"是指城市与自然完美结合，建立人与自然的亲密连接。伦敦市政府设定的总体目标是："鼓励更多人能够享受户外活动的乐趣，以支持伦敦全体市民、商业机构及各类组织将城市建设得更加绿色、健康和具有野生气息。"① 让更多的市民可以建立与自然的连接，创造人人均可享受的国家公园一样的城市。

伦敦能成为全球第一座国家公园城市，源自 20 世纪 40 年代大伦敦规划的"绿环"规划；之后，伦敦绿色空间一步步延伸，逐渐建立起由"绿网""绿楔""绿斑"组成的公园网络。这些公园网络并非连绵不断，而是混合着众多城市功能的混合型绿廊（如 2012 年伦敦奥运会主场馆聚集区——下利亚山谷），且功能定义已从空间的绿色，转向强调经济、社会属性的空间作用，并以自然资产账户来评估城市绿地的社会经济效益（表 1-1 以威斯敏斯特区为例，说明自然资产账户的评估要素与价值）。[16] 2017 年，伦敦市政府发布《伦敦公共绿色空间自然资产账户》报告，该报告首次针对市民从公园绿地获得的经济与服务效益进行量化评估（表 1-2）。据计算，伦敦公园绿地为市民带来的身心健康服务，共节约 9.5 亿英镑医疗费支出，产生 9.26 亿英镑的娱乐消费等。这对自然资产账户和绿色空间建设具有重要的示范指导意义。

---

① 资料来源：揭秘全球公园第一城——伦敦＿城市怎么办（urbanchina.org）。

威斯敏斯特区自然资产账户的评估要素与价值 表 1-1

评估要素	评估价值
绿色空间价值	公共绿地的比例：19.5% 总体估算价值：62 亿英镑 每年产生效益：3.343 亿英镑 每年每人的效益：1376.11 英镑
市容风貌价值	房地产总价值提升：49 亿英镑
心理健康储蓄总价值	心理健康效益：1.58 亿英镑
身体健康储蓄总价值	身体健康效益：3.14 亿英镑
娱乐总价值	娱乐活动与娱乐设施效益：7.9 亿英镑

资料来源：https://maps.london.gov.uk/naturalcapitalreport/index.html。

伦敦公园提供的经济与服务价值评估 表 1-2

类型	公共服务价值 / 亿英镑	居民价值 / 亿英镑	企业价值 / 亿英镑	总价值 / 亿英镑	占比 /%
娱乐	—	170	—	170	19
精神健康	14	34	20	68	7
身体健康	21	55	31	107	12
住宅物业	—	559	—	559	61
碳（树）	—	—	—	1	0
温度调节	—	6	—	6	1
占比 /%	4	90	6	100	100

资料来源：https://www.london.gov.uk/sites/default/files/11015viv_natural_capital_account_for_london_v7_full_vis.pdf。

近年来，伦敦完善公园网络主要采取了"增绿"和"提质"两项计划。

增绿计划。一是通过大力开展口袋公园建设，推动城市社区 400m 范围内拥有一处公共空间的目标；二是通过"公共空间换容积率"等政策，从大型城市更新项目中换取公共绿地。例如，占地 8.7 万 m² 的伦敦塔桥城更新项目，公共空间面积占比超过 40%，成为城市新进热门旅游区域。

提质计划。提出"提高城市绿色空间质量""改善环境服务质量"等策略，通过微改造融入娱乐、亲子、运动等元素，迎合新时代的市民需求，重塑公园吸引力。如 2004 年建成开放的戴安娜王妃纪念园，通过涌泉、叠水、瀑布、涡流等多种景观化的水形态，成为最受家庭喜爱的亲子空间，仅

2005 年就有超过 200 万人次到访。又如英国的皇家植物园邱园，通过水上观景的萨克勒桥、空中观景的树冠步道、昆虫视角的蜂巢等观景设计手法，将百年老园转型为新进"网红"。

研究世界城市的发展历史可以发现，伦敦的城市规划与环境建设理念长期居于全球领先地位。伦敦每一轮的城市新发展目标的实现，都离不开公园系统的升级助推，公园已成为伦敦吸引"创意阶层"、发展新经济的"创新引擎"。2020 年《伦敦规划》中，伦敦新目标为建设"最绿色的全球城市"，城市公园系统将再次更新。不同的是，本轮公园系统新增的绿色空间将会以"私有"土地为主，通过社区更新基金、增长绿色基金资助的方式，推动城市步入全民"碳中和"时代 [①]。

1.1.2　中国公园城市发展简史

与西方以乡村田园风光和公园系统为基础逐渐进化而来的、理性的绿色城市发展历程不同，我国的山水城市传统是具有诗意美学和文化情感的。时代不断赋予"山水城市"新的内涵，并衍生出新的形式。公园城市是我国传统的山水城市理念融合西方的绿色城市、生态城市理念的时代产物，是我国山水城市发展到新时代的创新升级模式。公园城市不仅关注城市的空间形态、公园体系的物理环境建设，更关系到城市在社会公平、绿色经济、文化创新等方面的可持续发展，是一个健康完整的社会治理与发展模型。

1.1.2.1　古代山水城市基因

现考古发现的我国古人类聚落多出现在山水之间，如仰韶、河姆渡、红山等文化遗址都近山临河。早期文明的城市也都处于山水之间，如良渚古城、尧王城、夏墟、殷墟、丰镐两京等。此后历代都城，如咸阳、长安（今西安）、洛阳、临安（今杭州）、南京、北京等，以及其他主要区域型城市，都选址在近山临水之处兴建。山水城市成为我国古代城市千年发展历程的主要特征。[17] 繁衍生息于山水之间的人们，逐渐认识到山水之美，形成了与山水融为一体的山水美学与文化基因，特别是魏晋以来的山水诗、山水画（图 1-1-8 ～图 1-1-10）等艺术形式，更是强化了中国人对山水文化的追求和向往，也形成了我国独特的"天地人合一"的哲学思想。

---

① 资料来源：1/6 图片工作室. 揭秘全球首座国家公园城市，伦敦做到了什么？丈量城市，2021 年 5 月 31 日。

图 1-1-8 《蜀川胜概图》局部

图 1-1-9 《富春山居图》局部

图 1-1-10 《千里江山图》局部

"七溪流水皆通海，十里青山半入城"，是明代诗人沈玄恰到好处地表达了常熟城依山而建，数条水系穿流其中的特点。

"四面荷花三面柳，一城山色半城湖"，是清朝"江西才子"刘凤诰对济南风光特征恰到好处的概括。

"江城如画里，山晚望晴空。两水夹明镜，双桥落彩虹"，是诗仙李白在《秋登宣城谢朓北楼》中对宣城依山傍水的地理特征的描述。

"水光潋滟晴方好，山色空蒙雨亦奇。欲把西湖比西子，淡妆浓抹总相宜"，是宋代大文豪苏轼对杭州以西湖为中心的湖山胜景的描绘，在苏东坡眼里，西湖就是自己的西施。

"窗含西岭千秋雪，门泊东吴万里船""西山白雪三城戍，南浦清江万里桥"，都是唐代大诗人杜甫对成都西边的雪山和锦江景色的描写。今日之成都，更是以"雪山下的公园城市"而著称。

我国古代描写城池依山傍水的诗句还有很多，从诗句中可以感受到每座城市的不同特征，堪称千城千面。城市中的园林营造也往往与外部的整体山水环境保持脉络延续。江南园林、岭南园林、北方园林、西蜀园林的不同特点都根植于本地域的整体山水环境；即使处于同一个地域，园林营造也会有所差异，更与城市周边的山水地貌保持一脉相承。清朝人李斗在《扬州画舫录》中引用刘大观对苏州、杭州、扬州三座城市园林特点的评价："杭州以湖山胜，苏州以市肆胜，扬州以园亭胜，三者鼎峙，不可轩轾"，反映出这一时期"自然山水园中城，人工山水城中园"[18]，城市园林与城市的山水格局互融共生的特征。

1.1.2.2 民国时期的山水＋公园探索

鸦片战争后，随着清政府国门被迫打开和贸易、工业的发展，西方资本主义世界的城市规划思想也逐渐传入中国。由此，中国的城市建设主要分化为两种新模式：第一种，西方列强在中国建立的租界，按照西方城市的模式来进行规划建设，出现了与传统中国城市不同的城市模式，如上海、天津、青岛、大连等地的租界，并在租界内修建公园，如1868年我国第一个公园"公花园"——上海黄浦公园。第二种，随着清末民初民族工业的发展，在工商业发达的南通、无锡等地，一些社会贤达之士在中国传统城市与山水合一的哲学思想基础上，探索适应实业救国之路的新型城市发展模式。

实业家张謇于1895年开始在家乡南通开展建设新城的实践。他充分利用南通独特的山水资源，在城西建立唐闸工业区，在西南的天生港建立港口区，将东南的狼山作为住宅及风景区，形成了以老城为中心的"一城三镇"格局，被吴良镛院士誉为"中国近代第一城"。[19]张謇注重公园和绿化建设，1904年建立植物园，之后修建唐闸公园和东、西、南、北、中5座公园，又将军山、剑山、狼山、黄泥山、马鞍山等5座山营建为风景区，城区与三镇由风景路连接，形成山水城镇一体格局。[20]

无锡也是近代民族工业重地，1905年无锡一些社会名流倡议，将城中几个私家花园改建为公共花园。1912年，实业家荣德生在东山建梅园，向公众开放；同年发表了对无锡未来发展蓝图的构想——《无锡之将来》，重点包括拆除城墙，扩展城区，修建里圆路解决城内交通问题；在惠山附近建商场，周边形成工业区，筑外圆路与城市连接；在龙山、锡山建居住区，有公园和种种游憩之所；开发五里湖、太湖风景区，修建道路联系城市与湖滨，在湖滨建别墅山庄，举办博览会。1936 年又提出计划开发太湖风景区，并与其他园林连城一体，"使吾邑不仅成为工业之中心，并为各地市政建设之模范，湖滨风景优美，更可供国内外人士业余游息之所"。

杭州作为我国最著名、最典型的山水城市，在辛亥革命之后的 1912 年，拆除了西侧城墙，使"西湖搬进城"，形成了"城湖一体"的新格局，修建环湖公路和环湖公园，确立了"风景都市"的城市定位。杭州工务局局长陈曾植提出"利用天然之山水，加以人工布置，筑成一大公园"，至 1937 年，杭州景观达到 463 处。[21] 自此，杭州以独特的山水格局与文化底蕴，成为全国最为著名的风景旅游城市。

总体而言，传统山水城市在近代受到西方城市建设思想的影响，结合工商业的发展，在山水环境之中进行公园绿地系统的建设，加速城市的发展。在西方各种城市理论之中，对中国影响最大的莫过于霍华德的田园城市理念。受其影响，孙中山作为中国民主革命的伟大先驱，在其全面阐述中国发展蓝图的宏伟纲领《建国方略》中多次论及"花园都市"理念[16]，对民国时期的城市发展具有较大影响。

孙中山认为广州是一座山水城市，"广州附近景物，特为美丽动人，若以建一花园都市，加以悦目之林囿，真可谓理想之位置也"，在这里进行花园城市建设，"此所以利便其为工商业中心，又以供给美景以娱居人也。珠江北岸美丽之陵谷，可以经营之以为理想的避寒地，而高岭之巅又可利用之以为避暑地也。"

孙中山的《建国方略》还提到武汉的建设计划，此后武汉的规划也吸取了花园城市和城市绿地系统的理念，1929 年的《武汉特别市工务计划大纲》提出用林荫大道连接城市各公园、自然湖泊、娱乐场所构成系统，公园设立于各区，并根据住宅区的建设而增加；1933 年，汉口市政府结合城市发展和自然山水资源，在城市中均衡布局了 13 个大型公园；1936 年，《汉口市都市计划书》进一步增加公园等市民休闲娱乐空间，改善城市布局。这是非常典型的依据花园城市理念对传统的山水城市进行现代化改良的实践。

1929 年制定的南京《首都计划》也是依据田园城市理论对南京的山水城市格局进行时代发展。城内外的大小公园和林荫大道构成城市绿网，城市原有风景名胜区，如玄武湖、紫金山、雨花台、莫愁湖等都纳入公园绿地系统，明城墙和秦淮河则成为城市绿轴，形成了"山、水、城、林"的城市特色。[22]

1.1.2.3　新中国成立后公园建设的曲折历程

新中国成立后，在社会主义建设的浪潮下，"绿化祖国""四旁绿化"等号召掀起了全国性植树造林运动。而立足本土、延续园林传统的"大地园林化"的提出，反映了从绿化向园林的传统意识回归；十年"文革"，这些公园又作为"四旧"的一部分惨遭破坏。新中国成立后至"文革"结束，这段时期的公园发展大致经历了四个阶段：

（1）1949—1952 年，国民经济处于恢复时期，全国各城市以恢复、整理旧有公园和改造、开放私园为主。如北京的卧佛寺、戒台寺、八大处、碧云寺等寺庙；苏州的拙政园、留园、网师园等名园；上海的黄埔公园、昆山公园、复兴岛公园等，修缮后重新对公众开放。虽然新中国刚刚建立，经济基础比较薄弱，北京、上海等核心大城市根据自身情况，也新建了一些公园绿地，如北京陶然亭公园、上海人民公园、广州越秀公园、杭州花港观鱼公园等。

这一时期的新公园建设主要以经济、美观、实用为原则，力求节约。在造园风格上，主要还是延续中国古典园林的山水园，借鉴传统的造园手法，结合现代"公共"园林的功能需求，建设符合当时城市建设需求的中国新园林。

（2）1953—1957 年，第一个五年计划期间，苏联全面援华，这一时期的园林建设主要引入了"苏联绿化模式"，从道路的绿化到工厂绿化、居住区绿化，再到城市发展的格局及绿地系统规划，都受到苏联模式的影响。中央发出了"绿化祖国"的号召，包括城市绿化和乡村绿化，许多城市动员群众开展植树造林运动。随着国民经济的恢复发展，全国各城市结合旧城改造、新城开发和全国爱国卫生运动，在绿化造林的基础上，开始大量新建公园。主要是结合卫生改善运动，在低洼废弃地、乱葬岗、垃圾场等地新建公园，挖湖填土，改善城市环境。如北京紫竹院公园（1953 年）、上海长风公园（1959 年）和鲁迅公园（1956 年）、广州动物园（1956 年）等都是这一时期公园建设的典型代表。

这些公园仍然以中国传统的山水园模式为基础，但由于深受苏联文化休息公园理论的影响，建设内容上强调公园的政治宣传教育属性，在"自然环境中，把政治教育工作同劳动人民的文化休息结合起来"。反映社会主义意识形态的革命文物、主题雕塑被大量兴建，如成都人民公园中的"辛亥秋保路死事纪念碑"、哈尔滨斯大林公园中的"少先队员"群雕等。公园中专门设置的文体活动广场，也是反映政治取向、配合教育活动的需要。

（3）1958—1965年，由于中苏关系交恶，受苏联影响的公园建设向本民族传统转向。1958年，中央发出"大地园林化"的号召，此时对"园林"这一中国传统术语的再运用，反映出中国在谋求探索自己民族的社会主义道路的意识形态需要。具体表现在将反映人民、解放、胜利、劳动等社会主义主题的园名以古典园林常采用的景题和匾联的传统形式来表现；"大跃进"期间，各地发动群众进行义务劳动，结合城市的环境卫生改善或河道疏浚工程挖湖堆山，新建了广州流花湖公园（1958年）和东山湖公园（1958年）、西安兴庆公园（1958年）、南京莫愁湖公园（1959年）等一批"以山水风景为主的休息公园"。

由于"大跃进"的破坏性影响引发了"三年自然灾害"，城市发展速度整体放缓，公园建设速度减慢。甚至为缓解"粮食少、不够吃"的尴尬局面，推出了绿化和园林结合生产的政策，果树、菜园、养鱼池（经济用途）被引入公园。但这时的"绿化结合生产"并未对公园产生实质性的破坏。

（4）1966—1976年"文化大革命"期间，全国城市的公园建设不仅陷于停顿，而且惨遭破坏。在极"左"思潮影响下，公园被称为"资产阶级遗老遗少的乐园"，被列入了"四旧"的范围。公园中大量的植被、石碑、牌坊、古建筑、匾额对联、泥塑、木雕等建筑小品被毁。砸烂后的公园被改造为农场、猪场和工厂。此外，许多公园在1970年"深挖洞、广积粮、不称霸"的口号下成为挖人防工事的基地或出入口。

"文革"后期，随着中美、中日外交关系的恢复，园林绿化便随着国际交往的需要而重新登上舞台，虽然没有建设所谓的"享乐"型综合性公园，但新建了一些专类公园。如上海植物园（1974年）、南宁动物园（1973年）、南京园林药物园（1975年）等，但在园林艺术和理论研究上还是处于停滞状态。

1977年后，全国城市公园建设在改革开放的历史潮流推动下重新起步，建设速度普遍加快，大量精品不断涌现，管理水平明显提高，成为城市建设中的重要内容。

1.1.2.4　改革开放后评比促绿地建设

　　山水城市重视与自然和谐、因山就势，是我国城市建设格局的传统基因。但由于其与风水、中医一样没有定量的评价标准，被认为是"伪科学"的而非西方"科学"的，是适应农业社会的而非适应工业社会的。因此，改革开放后，急速的工业化和快速城镇化进程对我国传统的山水城市格局产生了极大的冲击，在西方现代城市规划思想的影响下，相当长的一段时间内，我国的城市建设参照西方现代城市的规划方法和评价标准，先后推出了"园林城市""森林城市"等一系列评选举措，以推动我国城市弥补在公园绿地建设领域的短板。

　　1990 年，国家行政主管部门推出了"国家卫生城市"建设和评选工作，主要针对市容卫生环境、市民的健康教育及基础的环境保护工作。

　　1992 年，建设部开始牵头组织"国家园林城市"的评选工作，主要以城市园林绿化建设为基本点，以定量的城市绿化覆盖率、建成区绿地率、人均绿化面积等绿化数据为指标，在城市中建设绿色空间。"国家园林城市"评选标准前后共有 5 个版本 [23]，2010 年公布了第五版《国家园林城市标准》，并在当年底发布了国家标准《城市园林绿化评价标准》GB/T 50563—2010（2010 年 12 月 1 日起实施），评价指标越来越细化。截至 2020 年 8 月，全国共有 383 个城市获得"国家园林城市"的荣誉称号。

　　2004 年，建设部启动了"国家生态园林城市"创建工作，申报城市必须是已获得"国家园林城市"称号的城市。国家生态园林城市更加注重城市生态功能的完善、城市建设管理综合水平的提升、城市为民服务水平的提升。相较于国家园林城市的评比标准，"生态园林城市"的评估增加了衡量地区生态保护、生态建设与恢复水平的综合物种指数、本地植物指数、建成区道路广场用地中透水面积的比重、城市热岛效应程度、公众对城市生态环境的满意度等评估指标。经过十几年的创建工作，到 2016 年，住建部才首次授予徐州、苏州、珠海、南宁、宝鸡，以及昆山、寿光（县级）7 个城市为"国家生态园林城市"称号。

　　2004 年，全国绿化委员会、国家林业局启动了"国家森林城市"评定程序，并制定了评价指标和申报办法，聚焦在以森林植被群落覆盖和生态网络为主的市域范围绿化工作。

　　此外，还有全国绿化委员会推出的"全国绿化模范城市"、住建部推

出的"中国人居环境奖"、环保部推出的"国家环境保护模范城市"等评
选活动。这些评选活动客观上为保护中国城市空间环境、创建绿色公共空
间、提升城区绿化率、丰富城市景观体验度等方面起到了巨大的行政推动作
用。1980 年，我国的城市公园数量不足 1000 个，发展至 2012 年，数量已
达 11604 个，截至 2020 年，更是达到 19823 个。这些新建公园中的多数都
或多或少地借鉴或模拟自然山水园，将山水引入城市，使之相互协调地满足
人们对自然的游憩需要。

1.1.2.5 现代山水园林城市理论探索

早在 1984 年，钱学森院士撰文谈论我国城市园林建设的方式，"那么我
们的大城市、中心城市，按中国园林的概念，面积应占二分之一。让园林
包围建筑，而不是建筑群中有几块绿地。应该用园林艺术提高城市环境质
量。"[24] 在这一理念支持下，合肥市于 1984 年全面展开总长 8.7km、总面积
137.6hm² 的环城公园带建设（图 1-1-11），至 1986 年基本建成，赢得了中国
版"翡翠项链"的美誉，实现了"公园抱旧城于怀，融新城之中"的蓝图设
想，成为"园在城中，城在园中，园城相接，城园一体"的城市范例。[25] 此
后，其城园互融的形态成为国内众多城市建设的经验参照。

1990 年钱学森院士在给吴良镛院士的信中，正式提出了"山水城市"
的构想，"能不能把中国的山水诗词、中国古典园林建筑和中国的山水画融
合在一起，创造'山水城市'的概念。"[26] 1992 年他再次明确山水城市的概
念，"所谓'山水城市'，即将我国山水画移植到中国现在已经开始且将来
更应发展的、把中国园林构筑艺术应用到城市大区域建设，我称之为'山水

图 1-1-11 合肥环
城公园 [16]

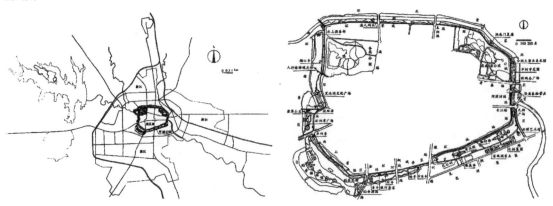

城市'。"[27] 在同年给顾孟潮的信中说，"把整个城市建成为一座超大型园林。我称之为'山水城市'，人造的山水。"[28] 1993 年在北京召开的"山水城市座谈会"上，钱学森提出"山水城市的设想是中外文化的有机结合"的理念。对于山水城市的发展阶段，他认为是从一般城市到园林城市，再到山水园林城市，最后到山水城市。山水园林城市是在山水环境基础上增加人工建筑，如武汉、重庆；山水城市不只是利用自然山水格局，而是人造山和水。山水城市既强调城市的生态，也强调城市的文化，以生态资源作为山水城市的物质基础，以文化意境美作为山水城市的灵魂。山水城市的目的是以人为本，他多次提到山水城市"是属于广大老百姓的"，"建设山水城市是为了广大的老百姓"。

此外，周干峙、吴良镛、孟兆祯等院士学者都有关于我国山水城市理念的论述与呼唤。周干峙院士认为山水城市不能理解为只是与自然关系的问题，还要理解其文化艺术方面的内涵，应该大大提高我国城市的环境质量、艺术风格、城市面貌和城市特色。① 吴良镛院士认为"山水城市"在城市形态上强调山水的构成作用和城市的文化内涵，其最终目的在于"建立人工环境"与"自然环境"相融合的人类聚居环境。孟兆祯院士指出，山水城市既是物质的也是精神的，是人民对现代城市的呼唤，必须发展传统，从探讨现代传统的基础上着手现代山水城市建设。[29]

2011 年 12 月，仇保兴在给"纪念钱学森诞辰 100 周年园林与山水城市研讨会"的贺信中指出："钱学森的山水城市概念是对城市理想模式的超前构想。山水城市理论富有传统文化的底蕴，传承了传统的哲学观念，是具有中国特色的生态城市理论。"[25]

2013 年，习近平总书记在中央城镇化工作会议上提出："要依托现有山水脉络等独特风光，让城市融入大自然，让居民望得见山、看得见水、记得住乡愁。"这是新时代从国家层面提出的对"山水城市"的通俗理解，与钱学森院士以及诸多专家学者提出的山水城市发展理念不谋而合，都是希望在继承我国"天人合一"城市发展传统的基础上，结合社会发展的时代特征，以人民群众需求为导向，兼顾城市形态、生态和文脉的系统思考，是我国山水城市建设理念的新发展。

---

① 资料来源：中国建设报. 纪念钱学森诞辰 100 周年园林与山水城市研讨会召开. 仇保兴致贺信周干峙出席 ［DB/OL］. 住房和城乡建设部网站 http://www.mohurd.gov.cn/jsbfld/201112/t20111201_221778.html.

将"山水城市融入中国梦，先难后获地实现中国山水城市梦和世界梦。"[30]

1.1.2.6　公园城市理念的探索与发展

1984 年，钱学森院士提出"让园林包围建筑，而不是建筑群中有几块绿地"，可以说是我国现代公园城市理念的启蒙。1988 年，熊绍华、禹去裘发表论文"谈谈从'公园在城市中'向'城市在公园中'转化"[31]，提出应从我国国情出发，规划城市绿化要充分利用当地有利的自然地理条件，因地制宜地有步骤地建立绿化体系。1993 年，陈传康发表论文"从城市建公园到如何使城市成为公园"[32]，提出城市本身应该是一个风景优美的公园，到处绿茵如画，建筑风格优美协调，名胜古迹得到保护，使城市本身便成为一个观光游览的空间。山水园林城市应是城市规划的发展方向。

2005 年 9 月 12 日，《长江日报》刊登了采访文章[33]，详细对比分析了武汉的山水资源优势，建议把武汉建成"世界公园城市"，并指出把武汉打造成为世界公园城市并不是一朝一夕的事，甚至是几代人的事，要有长远的规划。最后提出了两个发展阶段的指导路径：第一阶段，首先要向杭州看齐，大力进行生态环境建设，用杭州的先进观念和成功经验建设武汉；第二阶段，再向日内瓦、维也纳这样的国际名城看齐，把武汉建设成一个人见人爱的世界公园城市。

2013 年 5 月，在《第九届中国国际园林博览会论文集》中，"浅论构建中山'公园城市'发展战略"[34]一文，以山体、郊野绿地、水体、滨海湿地等作为公园的生态基质，以河流水系、绿廊作为连接纽带，以中山地域文化形成的城市特色公园作为景观斑块，形成系统完整的公园网络体系，同时形成与绿道、慢行系统紧密联系的中山山水人文旅游精品网络。其概念延伸至城乡区域范围，由城市中的公园体系转变为公园中的城镇体系，并指出公园城市是衡量宜居、宜业、宜创城市水平的重要标志，是人民群众成为城市主人，共享发展成果的体现。文章第一次提出"公园城市"的建设之路是社会、文化、环境、经济相协调的可持续发展之路。尽管并未对公园城市与社会、文化、经济发展之间的关系做出进一步的阐述，但对公园城市的认知第一次突破了"公园"绿地的专业范畴，具有重大进步。

2018 年 2 月，习近平总书记在成都视察时指出，天府新区是"一带一路"建设和长江经济带发展的重要节点，一定要规划好、建设好，特别是要突出公园城市特点，把生态价值考虑进去，努力打造新的增长极，建设内陆开放经济高地。正式从国家层面提出建设公园城市的倡议。

此后，政府部门、专家、学者纷纷投入公园城市理念的相关学术研究，持续保持热度。据 CNKI 检索数据显示，2017 年 12 月 31 日之前，以"公园城市"作为关键词的学术文章只有 9 篇；而 2018—2021 年的 4 年间，以"公园城市"为主题的学术文章共发表了 314 篇，其中 2018 年 36 篇，2019 年 74 篇，2020 年 96 篇，2021 年 108 篇，呈逐年上升趋势。学术研究呈现以下演变特征：

（1）研究主体：研究人员、发文期刊从园林、规划及建设领域向社会、经济、人文领域扩展；

（2）研究领域：从侧重城市空间格局、绿地、公园、生态等城市建设专业领域的研究，逐步向城市空间与社会、经济、产业、商业场景融合，以及生态价值转化创新等领域扩展；

（3）研究内容：从初期侧重于对"公园城市"理念内涵的解读与诠释，逐步向探索公园城市可持续发展的建设策略、方法、路径转变，并从城市向乡村、城乡融合扩展；以成都为代表的实践探索成为研究热点。[35]

1.1.2.7 公园城市实践的探索与发展

2011 年 3 月 11 日，《广东建设报》刊登了题为"河源着力打造'公园城市'"的文章。[36] 该市组织开展了公园城市规划、250m 见绿规划及 19 个大型公园规划和控制等专题研究，最后编制成《河源市公园城市专项规划》，并于 2010 年 12 月通过了河源市市委常委会议审查，成为我国首个按照公园城市建设理念建设公园体系的城市。

2014 年，江门市提出公园城市建设理念，并于 2015 年 4 月颁布实施《江门市公园城市建设工作纲要（2015—2020 年）》和五大行动方案。主要建设内容：以生态资源保护优先为发展原则，划定生态景观控制线，维持生态系统基本稳定；整合景区与周边资源特色，促进城市山体林地公园环建设，打造城市文化地标；加快城市综合性公园建设，提高城市人均公园绿地面积；以慢行系统和城市绿道建设促进各类公园有机串联，构建"市、县、镇、村"四级公园体系，基本实现城乡居民"出门 300m 见绿、500m 见园"的规划构想。

2014 年 8 月，贵阳市生态文明大会首次提出"推动公园城市建设"，指出公园城市是应对当前经济发展加速、城镇化加速、对外开放加速、民生需求提升加速四大挑战的出路所在。主要建设内容包括：坚持以区域生态安全为总体原则，保护山体和水体，形成绿地体系完整、园林景观风貌良好、人文内涵丰富的城市绿地环境；与此同时，坚持加强各类公园建设，构建纵横双向公园体系，增加公园数量，丰富公园类型，提高公园质量，提升服务品质，改善人居环境。明确18个指标体系作为公园城市建设考核目标，要求建成"千园之城"，公园服务半径覆盖率"大于或等于95%"，实现300m见绿、500m见园。

2014年，扬州主城区启动城市公园体系建设，成为公园城市模式的积极推动者和践行者。至2019年，扬州全市共建设公园350多个，其中主城区各类公园达200多个。扬州借势于2018年成功举办第十届江苏省园艺博览会，于2021年举办扬州世界园艺博览会。2018年，扬州政府部门组织相关部门和专家编著出版了"扬州公园城市研究丛书"（共分为《扬州生态文明》《扬州古典园林》《扬州现代公园》三册），全面介绍了扬州在公园城市建设方面的实践经验与思考。扬州实践为我国公园城市建设作出积极探索并留下了宝贵财富，但同时也伴随着较大争议。如2020年9月，自然资源部对外通报，决定对扬州市公园违法占地问题挂牌督办；扬州的很多老百姓对大量建设公园不理解，认为政府举债建公园是政绩观有偏差，等等。

2018年，习近平总书记在成都提出公园城市理念，点燃了成都研究与实践公园城市的热情。随后全国很多省市开始学习、研究、实践公园城市理念，掀起一股公园城市建设热潮。如2018年11月，四川省印发了《关于开展公园城市建设试点的通知》，遴选了遂宁市、自贡市等18个县市作为公园城市的试点城市，为公园城市美丽形态探索出可推广、可复制的经验举措。广西壮族自治区也于2020年3月开始了公园城市建设实践研究，在《广西公园城市建设试点工作指导意见》中将柳州市、防城港市等8个县市作为公园城市建设试点。作为中国生态园林城市的首府南宁也凭借着"国家十大宜居城市"和"绿城"等美誉和生态资源开始了公园城市营建。

至此，公园城市建设实践从偏重于绿色生态和公园体系的空间环境建设，向城市有机体的全面可持续发展深入，涉及生态、环境、文化、产业、经济、社会各领域。

1.2　城市发展的逻辑视角

从人类诞生以来，就从未停止对美好人居模式的探索。古猿人从树上下到地面，为了战胜残酷的外部生存环境，逐渐形成了以血缘关系为纽带的原始聚落。随着农业的出现和农业发展的需要，不同族群、不同聚落之间需要相互协作兴修水利设施才能战胜自然灾害；同时，农业生产力水平的提高又促进了手工业等专业分工的发展，于是出现了不以血缘关系为纽带的大型定居点。为了保卫财产，防御其他部落族群的掠夺，古人在定居点外围修筑墙垣，于是城邦便产生了。

1.2.1　农业文明时代——威权逻辑主导的城市

纵观中国古代的城市发展史，基本是以皇权（王权）为核心的布局结构，以维护统治阶级的威权为目的。这种"天子之城"[37]的营城思想基本成型于《周礼·考工记》，其建设模式为"匠人营国。方九里，旁三门，国中九经九纬，经涂九轨，左祖右社，前朝后市，市朝一夫"。其后从汉唐长安城直到明清北京城两千多年间的城市建设，一直未能摆脱这种威权主导的城市规划模式。为了维护专治统治，除两宋之外的其他大部分历史时期的城市几乎一直实行宵禁制度，老百姓没有夜间活动的自由。

西方社会虽未形成中国的大一统社会传统，但工业革命之前的城市发展模式也基本是以威权为主导，只是这种威权是以教权和君权的二元政治结构为特征。[38]古希腊、古罗马时期的城市以供奉西方众神的神庙为中心展开，道路与居民区以方格网状结构铺展开来。中世纪的城市一般规模不大，城市格局以教堂和城堡等建筑为城市中心，居民区则围绕着中心建筑修建。这种威权主导的城市规划布局理念在太阳王路易十四时代达到顶峰，以凡尔赛宫为核心所形成的对称轴线、放射状道路、夸张的平面几何构图、修剪整齐的绿篱无不强调着王权至上的思想。

1.2.2　工业文明时代——资本逻辑主导的城市

1.2.2.1　工业文明早期：资本无序扩张的城市

工业革命以机器生产代替手工劳作，物质生产力的发展水平高度提升，让城市有能力养活更多人。但城市人口急剧膨胀，城市用地规模越来越大，城镇自发蔓延、无序扩张的速度之快超出了人们的预期，也超出了彼时人们的认知水平和驾驭城市发展的能力。在资本无孔不入和机器高速运转的轰鸣中，广大的产业工人劳动时间超长，居住空间狭小潮湿，环境污秽不堪，传染病和瘟疫流行，城市生活悲惨暗淡。景观生态学家麦克哈格在《设计结合自然》一书中就对童年时代的工业生产与无序、肮脏的城市环境有过刻骨铭心的描述。

资本无序扩张时期，资本效益得到了满足，但广大劳动群体的公共利益得不到满足，因此需要寻找新的出路。

1.2.2.2 工业文明盛期：走向资本秩序的城市

面对城市无序发展的困境，有识之士开始探索对城市进行整体改造的方法。现代秩序城市的第一个样板是 19 世纪中期的奥斯曼"巴黎大改造计划"[39]，笔直宽阔的林荫大道，整齐划一、气势恢宏的石材建筑，再加上完善的城市基础设施和公共服务设施，使其成为当时世界大都市的典范。这一时代的技术和资本耦合的城市模式不仅深深影响了维也纳、巴塞罗那、柏林等工业文明时代兴起的欧洲大都市，其影响一直辐射到兴起"城市美化运动"的芝加哥等北美城市。

1933 年以勒·柯布西耶的"光辉城市"理论为基础所形成的《雅典宪章》，确立了以严格功能分区为主要理念的现代城市规划思想，即居住、工作、游憩和交通四大基本功能区相互分离的城市秩序。西方社会在整个 20 世纪，尤其是第二次世界大战后西方国家的快速重建和 20 世纪 60 年代以后的全球快速城镇化，现代主义城市规划理念因适应资本快速扩张[40]而占据主导地位，现代功能主义的城市得以在全世界广泛实施。这一时期，西方经济的飞速发展既满足了资本效益的诉求，也满足了广大劳动群体提升物质生活水平的要求，资本效益与公共利益的大致耦合成就了现代城市发展的一个"黄金时期"。

1.2.2.3 工业文明后期：不断失衡的城市

但是好景不长，20 世纪 60 年代以后，人们开始意识到"黄金时期"的现代城市发展模式又带来了新的城市发展危机。首先，机械的功能分区规划模式加上汽车的普及虽然适应城市化的快速发展，但每天的潮汐交通引起诸如空气污染、精力消耗、精神健康等一系列社会问题。另一方面，现代主义新城的"千城一面"和现代建筑的千篇一律扼杀了城市生活的多样性，城市生活缺少温度、生机与活力，城市居民俨然成为城市机器里的"零部件"。在冷酷资本的驱使下，人就像机器一样在城市中疲于奔命，没有归属感和幸福感。美国作家简·雅各布斯在《美国大城市的死与生》一书中就对这种危机进行了详细的描述和深刻的剖析。

20 世纪 70 年代后期，英美等国家又掀起了右翼政治运动，批评政府管制，坚持城市的发展应由市场力量来支配，而不是由政府来规划。由此自由资本主义在西方城市发展中又开始占据主导地位。而市场主导的城市发展又引发了社会公平、城市安全、环境保护、发展失衡等新的问题。

于是，宏大的整体性的现代综合城市规划模式逐渐转向以问题为导向的多元规划模式，更多关注多元利益主体之间的利益冲突协调，局部问题的公众参与机制成为城市规划的一大研究重点。但这种城市规划基本抛弃了过往城市规划的整体性，阻碍了大型公共城市政策的推进实施，很难解决城市中环境、交通、安全等系统性综合问题。

近几十年来，城市规划体系越来越完善，规划方法和技术手段也越来越多，但一个问题的解决往往伴随着产生新的问题，始终无法根本性、系统性地解决城市发展问题。在西方资本主义制度下，资本效益与公共利益诉求之间不断失衡，却又很难实现稳定发展。

1.2.3　后工业文明时代——技术（资本）主导的城市

20 世纪 80 年代以后，随着高新科技、知识经济、信息经济的发展，西方城市发展中的部分具体问题得到了逐步解决。技术发展对西方城市发展中的矛盾解决主要体现在两个方面：

一方面是技术的应用：公共交通技术、新能源技术、信息技术、各种低碳环保技术与新材料的应用，在一定程度上缓解了交通拥堵、环境污染等城市病。

另一方面是技术输出：西方发达资本主义国家城市发展中的很多问题（诸如经济和环境等问题）的解决并不是依靠自身的努力，而在很大程度上得益于经济全球化扩张的浪潮。资本通过国际分工将传统的低端高能耗、高污染产业转移至发展中国家，并通过高新技术输出实现对欠发达国家和低层级城市的掠夺。

高新技术成为影响甚至主导城市发展的关键因素，无论是技术还是掌控技术的幕后资本，都呈现出越来越集中和两极分化的趋势。

一方面是城市的分化。在全球化时代，少数超级城市（如纽约、东京、伦敦、巴黎等）及高科技和知识中心城市（如旧金山、西雅图、波士顿、特拉维夫等），通过资本和技术优势获得超额利润，不断扩大与其他城市之间的经济和社会发展差距。

另一方面是阶层的分化。上述发达城市之所以能够建立起高新技术优势，是因为知识创意阶层的集聚。这些城市在局部区域通过政策倾斜、资源集中、环境提升等措施吸引高端人才，发展高新技术，进而通过技术输出掌控着全世界大多数的社会财富和资源。

美国学者理查德·佛罗里达的《创意阶层的崛起》一书中探讨了创意人才的涌入是如何重振城市的。同时，他在另一本新书《新城市危机》中的研究表明，创意阶层聚集的知识中心有较少的工人阶层和服务阶层分布。全球超级明星城市在增长的同时，也催生一系列棘手挑战：生活档次高档化，生活成本难以负担，种族隔离严重，不平等加剧。与此同时，越来越多的城市发展却停滞不前，原本随处可见的中产阶层居民区正在消失，美国大都市中产阶层普遍萎缩。

由此可见，资本掌控下的技术集中和全球化制造了城市之间以及城市内部区域之间新的不平等，并进一步加剧了城市贫民窟的蔓延，成为新时期西方现代城市的一大鲜明特征。在未来，全球化导致的经济发展不平衡和财富分配的不均，以及突发疫情等不确定因素，还将进一步加剧西方城市的阶层分化，城市中占大多数的底层人民被资本寡头所掌控的高科技支配，生活在贫民窟中看不到希望。

法国经济学家托马斯·皮凯蒂在《21世纪资本论》一书中，通过大量的数据分析证明了西方城市的这种分化发展趋势，并指出民主和社会公正机制应是逆转这一趋势的良药。佛罗里达在《新城市危机》中对这些问题的处方也基本一致：让城市为所有居民服务。但他们同样指出这些良药是不太可能实现的，因为控制资本主义社会的资本精英可能宁可看到这个系统崩溃，也不会愿意让步。资本效益与广大劳动群体的公共利益之间的裂痕难以弥补。

1.2.4　资本逻辑下西方城市发展的魔咒

依据前述分析，工业革命之前的数千年城市发展历程中，主要是威权主导的城市发展格局。工业革命之后随着生产力和资本主义生产关系的发展，城市发展进入资本主导的发展逻辑。资本主导下的西方现代城市发展从无序到有序,从短暂和谐到不断失衡,再到进入后工业社会通过高新技术发展主导解决城市问题,城市发展中的矛盾裂痕始终无法根本解决。在资本的原始积累阶段,无力无暇顾及城市的发展,所以城市是野蛮无序生长的;当资本积累到一定程度的时候,开始对城市空间进行投资,城市开始走向有序扩张,但很快重新陷入内部的不断失衡之中;当资本对劳动者素质提升进行投资,通过发展高新技术,将全球纳入整个资本循环体系更利于资本可持续运转的时候,城市和阶层分化的矛盾进一步加剧。

西方学者在研究新马克思主义城市空间理论发展的基础上,提出了"资本三级循环理论"[38],指出资本逐利是西方现代社会转型的动力源泉,揭示了资本的积累、生产、循环和城市空间发展的关系,用以解释城市化发展的内在动力机制。从资本主义出现以来,资本投资大致经历了三个循环:

第一级循环是资本对工业化大生产的投资。以规模化高效率的商品生产、资本的再投入和扩大再生产为特征,最终因为商品的过剩而产生经济危机,导致资本投入的利润降低、风险加大而需要新的资本出口。

第二级循环是资本对快速城市化的投资。工业化导致大量人口涌入城市,资本大规模投入居住空间和城市基础设施建设的增量扩张,最终因空间过剩而产生社会危机(如区域极化、贫富差距、老龄化等问题导致社会两极分化加剧)。投资效率降低、固定资产的贬值促使过剩资本需要再次转向其他领域。

第三级循环是通过对教育、文化、医疗、科技等社会消费服务领域的投资,促进劳动力的再生产,劳动力智力健康水平的提高促进科技进步以及新产业的诞生,从而延续生产关系的再生产和资本的持续循环。

现代城市的发展从资本的第一级循环开始,在进入第三级循环即"消费型社会"之后,开始趋于稳定。从长期来看,资本的三级循环并不是三个独立的闭环,而是一个同时发生、相互联动、相互促进的循环系统。在资本进入第三级循环后,劳动力质量的提高和社会消费需求的提高,也反向促进第二级循环中城市空间的质量提升,即更好的生态环境、更舒适的居住空间、更便利的交通设施等;同时,劳动力质量的提高促进了科技的进步,科技进步推动了第一级循环中工业化水平的提升;工业生产效率的提高让原先从事工业生产的剩余劳动力,大部分转移到第三级循环中的新产业、新业态、新服务,从而进一步促进消费型社会新兴服务业的发展。从而实现三个循环的动态发展(图 1-2-1)。

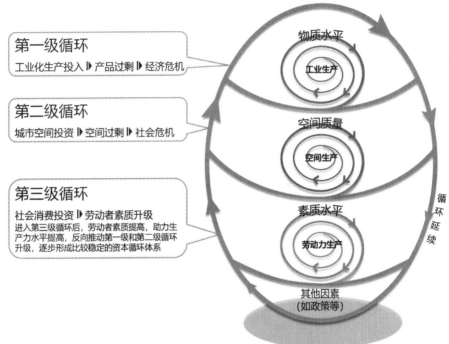

第一级循环
工业化生产投入 ▶ 产品过剩 ▶ 经济危机

第二级循环
城市空间投资 ▶ 空间过剩 ▶ 社会危机

第三级循环
社会消费投资 ▶ 劳动者素质升级
进入第三级循环后，劳动者素质提高，助力生产力水平提高，反向推动第一级和第二级循环升级，逐步形成比较稳定的资本循环体系

物质水平
工业生产

空间质量
空间生产

素质水平
劳动力生产

其他因素
（如政策等）

循环延续

图 1-2-1　资本三级循环系统
图片来源：参考文献［38］并改绘

　　需要说明的是，虽然资本循环推动了城市空间的发展和社会的进步，但资本在进入第三级循环后，资本通过创意阶层掌握技术优势，从而实现对其他阶层的财富掠夺。无论是社会服务方面的投资，还是提升城市空间质量方面的投资，都首先向满足创意阶层的需求倾斜，广大的工人阶层和服务阶层成为被资本遗弃的群体，从而导致阶层分化和社会分离趋势日益加剧。资本主义私有制度和资本贪婪的本性，使阶层分化几乎没有缓和的迹象，成为资本主义社会不平等现象的魔咒。除非资本循环发展的成果为全民所有，平等服务于社会各个阶层，才有可能破除这一魔咒。

1.2.5　资本逻辑下我国城市发展的解药

　　我国的城市发展特别是改革开放后的快速工业化和城镇化进程，与西方社会城市发展的历程大致相同，"资本三级循环理论"也同样适应于我国近40 年来社会主义市场经济的发展过程。在我国市场经济发展过程中，社会资本高速循环运转，实现了快速积累，从第一级循环迅速发展进入第二级循环，目前已部分进入第三级循环，而且也将遵循资本规律继续发展下去。

　　目前，无论是西方资本主义社会的城市，还是社会主义市场经济体制下的城市，影响城市发展的绝对威权已不复存在，但城市规划所代表的政府权力在驾驭资本效益与平衡公众利益方面的能力，以及面对二者冲突时的取舍将显得至关重要。西方城市在第二次世界大战后的黄金发展时期以及之后不断失衡的状态告诉我们：**资本运转为城市发展提供动力，只有当资本效益与公众利益耦合才能实现城市的良性健康可持续发展，这将是未来城市治理应遵循的基本规律。**但在西方社会无论是"空想社会主义"理想城市实践，还是霍华德的"田园城市"以及后来的系统城市规划理论与实践，都无法抗衡根深蒂固的土地私有制度和资本主义生产关系。在西方资本主义社会制度下，可能永远都无法实现他们的理想，西方城市只能在资本逻辑的整体框架下进行局部改良。而我国社会主义城市将沿着"人民城市"的道路，掌握并顺应资本逻辑为城市发展提供动力。两者有着本质的区别，城市发展的根本目的不同，前者是为资产阶级和资本服务，为创意阶层服务是实现资本利益的手段；而后者是为广大的劳动人民服务，掌握并顺应资本规律是实现城市让生活更美好的手段。

在我国社会主义制度下，当资本效益与公共利益发生冲突的时候，首先保障的是广大人民群众的公共利益。譬如我国近年大力推行的城市危房棚户区改造计划，就以改善城市中低收入人群的住房困难问题为目标，地方政府在实施过程中也适当遵循市场规律，既达成了初始目标，又改善了城市面貌，还促进了经济发展，但整个过程并不是以资本盈利为目的。自上而下的棚户区改造行动在西方社会就很难推行，这也是西方城市大量贫民窟持续蔓延的症结所在。"公园城市"理念的出发点与棚户区改造行动的出发点是一致的，这是医治资本逻辑下城市发展症结的良药。

1.2.6　公园城市理念的根本逻辑——人民福祉导向

社会主义也应按照资本逻辑发展经济，但社会主义制度可以遏制或限制资本的贪婪本性，驾驭资本规律发展社会主义市场经济。"公园城市"主要面对的是经历快速城市化之后进入存量更新阶段的城市发展局面，面临的大量实际问题将是经济发展中的资本效益与民生改善的公众利益之间的矛盾，如何实现资本效益与公众利益之间的耦合是公园城市建设成败的关键。

芒福德认为，如果说今天的（资本主义）社会已经瘫痪，这不是因为没有改变的手段，而是因为没有明确的目标；没有目标就没有方向，也就没有有效的实际行动。人们在城市发展如何造福于人类、人类文明如何发展这些问题上产生了极大的困惑。很多时候，人们被技术所奴役，被资本所控制，人性的光辉被掩埋。

公园城市是社会主义制度下我国城市从工业文明向生态文明转型的创新性探索与实践，城市发展已经跳出威权主导、资本主导以及技术主导的历史逻辑束缚，走上以人民福祉为主导的逻辑轨道。"公园城市"以人民为中心，以满足人民群众日益增长的物质文化和精神生活需要为出发点。这是人类城市发展史上，不同时代的人们共同向往却从未实现的理想。

1.3 理想城市的探索视角

在漫长的城市发展历史中，广大劳动人民来到城市都有一个共同的理想——"城市，让生活更美好"。但残酷的城市发展现实告诉我们，城市要么是威权统治逻辑的城市，要么是资本逐利逻辑的城市，城市从来都不是为广大劳动人民生活逻辑的城市。即便如此，人类也从未停止对理想美好城市的探索。从古希腊的希波丹姆模式、中国唐宋以来的中轴线对称格局，到近代的"空想社会主义""田园城市""光辉城市"，再到现当代的"邻里单位"理论、人类聚居学理论、新城市主义理论，理想城市的理论体系中有一条共同的主线，那就是众生平等，人人幸福。

那么，阻碍人类实现理想城市梦想的真实原因是什么？如何才能实现理想城市呢？

1.3.1 威权主导时期的理想城市

古希腊时期，柏拉图在著作《理想国》中就提出要建立"幸福国家的模型"，明确了"建立这个国家的目标并不是为了某一个阶级的单独突出的幸福，而是为了全体公民的最大幸福"，透射出对城市中人的主体地位和社会公正的普遍关注。亚里士多德提出城市建设的目的是为了人的自由发展，城市规划和建造应普遍遵循人的尺度标准。"和谐、协调、均衡、适当"应是古希腊城市规划和建设普遍遵循的自然法则。社区的规模和范围应当使其中的居民既有节制而又能自由自在地享受轻松的生活。注重城市规划和建设对人的精神需求的满足。

古希腊时期的人本主义城市规划思想在今天依然具有指导意义。但当时低下的生产力水平很难保证广大劳动人民都过上富足的物质生活，更谈不上精神需求的满足。所以威权时代众生平等、人人幸福的城市理想只能局限于贵族阶层之间实现。

1.3.2　资本主导时期的理想城市

随着西方"文艺复兴"人文主义思想的启蒙，英、法、美等国先后通过资产阶级革命，确立了"天赋人权""自由、平等、博爱"的人本主义社会价值观。但资产阶级在获得统治地位以后，其剥削阶级的本性日益暴露。此时兴起的"空想社会主义"开始批判揭露资本主义的罪恶，对未来的理想城市提出许多美妙的天才设想并付诸实践，他们为生活在城市中的广大劳动人民争取平等美好生活的权利，试图将资本主导下的城市转变为无产阶级的城市，但这些尝试最终都失败了。

到 20 世纪初期，美好城市的发展方向主要产生了两种思想：一种以英国人埃比尼泽·霍华德的"田园城市"为代表，这种思想主张应该控制城市规模，用分散的小城市代替大城市，建设一种兼具城市生活和田园乡村优点的城乡一体的理想城市；另一种城市理念以现代主义建筑大师勒·柯布西耶的"光辉城市"为代表，这种思想主张集中，强调城市功能主义，对城市进行若干功能分区，建设大体量高密度的居住区。

对比两种解决方案，"田园城市"虽然很适合人居，但显然不能适应大规模生产和快速城市化的需要，而且其出发点是想通过逐步实现土地社区所有来取代土地私有制，注定很难在资本主义社会推广。而紧凑高效的"光辉城市"模式更适应资本追求效率、追逐利益的本质需求。因此，以"光辉城市"为原型的现代主义城市在世界范围内被广泛复制。

事实并非全然如此，其实"光辉城市"规划思想的本质与"田园城市"并无二致，都是"以人为本"，立足点都是为城市平民大众改善生活环境，促进社会和谐。但其完整实现的前提是改变土地所有制和分配制度，城市建设以社会公益为目的以及彻底放弃盈利企图。这种路径无疑是无法实现的。因此，勒·柯布西耶的"光辉城市"是被资本主义断章取义和阉割之后的"机器城市"，并非其初心理想的"垂直花园城市"。

1.3.3　技术主导时期的理想城市

20 世纪后期，西方社会开始逐步进入后工业阶段，知识与技术已经变成推动城市发展的关键因素，其从根本上改变了城市的社会关系结构，进而分化出新的社会阶层，掌握高新技术的创意阶层成为影响城市发展的核心阶层。技术给人类创造了便利和福利，但人们也被技术所奴役。这个时期，基于物质条件的大幅提升和现代化交通方式的发展，规划者们开始积极探索更为科学、公平的城市模式。例如科拉伦斯·佩里（Clarence Perry）的"邻里单位"、凯文·林奇的"城市意象"，以及简·雅各布斯提出的街区等概念。新城市主义者试图通过建立满足不同种族和收入水平阶层的混合居住模式，使不同阶层的居民与城市空间有机整合，尤其是处于社会底层的弱势群体。[41]

然而，从城市实践来看，新城市主义所致力的多元化、可负担性社区并未能达到预期目的。这些社区不能为普通居民和弱势群体提供足够的可负担住房，也没能消除贫富隔离。在资本追求利润最大化的本性下，逐渐发展成为富人集聚区。[42] 综上，在无法改变现存生产关系（资本主义）和土地私有制度的前提下，理想城市的发展和实践将永远不可避免地存在盲区，受制于制度的桎梏。

1.3.4　资本主义制度下无法实现理想城市

在资本主义时代，众多有识之士提出了多样化的理想城市模型，社会生产力的极大发展，完全有足够的物质基础和技术手段来建设众生平等、人人幸福的美好城市。但由于无法改变现存的资本主义生产关系和土地私有制度，因而使理想城市规划思想的发展和实践面临着制度层面的桎梏。正如彼得·霍尔在他的著作《明日之城》一书中总结100多年来的西方城市规划发展经验时明确指出的，在资本主义社会经济体制下，西方城市将永远不可避免地存在理论和实践无法完全根除的盲区，即基层和贫困的地方。

1.3.5　实现理想城市的三大基本条件

通过对人类三个历史阶段中，城市发展的内在逻辑与理想城市理念的对比解读，可以发现众生平等、人人幸福的理想城市在农业社会和资本主义社会根本无法实现，因为这需要同时具备以下基本条件：

① 物质条件：生产力的发展达到一定水平，有足够的物质条件和技术手段作为支撑。

② 制度条件：需要有公平的社会制度作为实施保障。

③ 理论条件：一套完整的适应时代发展的理想城市理念作为理论指导。

农业文明时期就已经具备了理想城市的理论指导，但由于生产力水平的限制，物质条件和技术手段无法支撑理想城市的实现，也没有公平的社会制度保障。工业文明时代的资本主义社会已经具备了足够的物质条件和技术手段，也有理想城市模型的理论体系，但由于没有公平的社会制度作为保障，即使资本主义社会已经发展到后工业社会阶段的今天，也终究无法实现人人平等幸福的理想城市。

1.3.6　公园城市是我国实现理想城市的理论指导

我国的社会主义制度虽然是实现理想城市的制度保障，但由于不具备前两个基本条件，因此我国的城市发展，特别是改革开放后的快速工业化和城镇化进程，与西方社会城市发展的历程呈现基本一致的曲线，而且西方城市所面临的生态环境恶化、交通拥堵、区域发展不均衡和不协调、城乡差距拉大、社会不公平现象凸显等问题也同样困扰着我国的城市发展。

我国社会主义制度下的城市与西方资本主义制度下的城市相比，虽然经历工业文明发展的时期不同，但发展路径却几乎相同，原因主要有两点：

首先，新中国成立以后的很长一段时期内，我国社会的主要矛盾是人民日益增长的物质文化需要同落后的社会生产之间的矛盾。"贫穷不是社会主义"，社会主义也应按照资本逻辑发展市场经济，特别是改革开放以来的快速工业化和城镇化进程，是物质条件和技术条件积累的必经阶段。至公园城市理念提出的 2018 年，我国的整体城市化率已经接近 60%，我国部分城市已经或将要完成工业化进程，已经基本具备了实现人人幸福的理想城市的物质与技术条件。党的十九大报告指出，中国特色社会主义进入了新时代，我国社会主要矛盾已经转化为人民日益增长的美好生活需要和不平衡不充分的发展之间的矛盾。这充分说明了我国社会的物质积累已经进入了一个新的发展阶段。

其次，由于我国社会主义制度建立的时间短，整体社会发展都处于"摸着石头过河"的追赶阶段，这一时期中国的城市规划理论和实践主要受到西方现代城市规划思想的影响，甚至毫无批判地借鉴抄袭，导致了一系列与西方城市相类似的发展弊病，而且过往的发展模式已经呈现出越来越多的局限性，亟需形成一套适应我国社会主义制度的理想城市模型来指导我国新时期的城市建设。

在我国完成工业化积累的城市中，实现新时代理想城市的三个基本条件中，已经具备其中之二，唯缺理想城市的理论指导。美国城市学家芒福德在《城市发展史》一书中提出，城市的发展已经到了需要出现一种新的形态的状态。正是在这样的大背景下，中央领导人从国家发展的全局出发，提出了"公园城市"理念，发起了一场关于新时代基于我国社会主义制度的对理想城市理念的思考与探索。"公园城市"理念的提出是时代发展的必然。

1.4　城市发展的动力视角

物理学原理告诉我们，力是任何物体改变原有状态的原因，自然界中的一切物体在受到外力的作用影响时才能产生运动。同理，社会中事物的运动和发展也需要推动力量，社会发展的动力系统可以分为经济力、政治力、文化力三个层面，其中经济力是社会发展的根本动力。城市的发展、人口的迁移都受到这种内在动力的牵引而发生和发展。那么，公园城市的动力逻辑和动力机制又有哪些特征呢？

1.4.1　人口迁移的动力

人是城市的主体，城市发展的最终目标都是为了满足人的需求，让人们生活得更加美好。那么促使人来到城市的动力是什么呢？无非有两种——推力和拉力。推力迫使人们离开乡村，拉力吸引人们来到城市。或者说是城市生活所带来的便利与美好，与乡村生活的不便与艰辛之间形成的势能差，导致人们离开乡村来到城市。同理，促使人们从一个城市迁徙到另外一个城市，或者从同一个城市的一个片区迁移到另外一个片区的动力，也来自相互之间的差异所形成的势能差。这个势能差是个人喜好、就业机会、收入水平、生态环境质量、社会文化资源、交通便捷度等因素差异的总和。

1.4.2　城市化的动力

那么，城市发展的动力又是什么呢？马克思主义政治经济学告诉我们，生产力决定生产关系，城市的发展建立在生产力水平提高的基础之上。农业社会的城市是农业生产剩余价值的累积，农业生产力的发展是城市化的初始动力；工业革命之后，工业化是快速城市化的根本动力。随着生产力水平的提高，发达国家的城市化水平已由农业社会平均3%左右的城市化率，发展到现如今平均80%左右的城市化率。截至2019年底，我国城市化水平已经达到 60.6%，并处于快速城市化的中后期，将来可以流入城市的人口已经不多，所以这两年我国许多城市已经开始了对人口（主要是有一定专长的技术人才）的争夺，因为人口的持续流入是一个城市繁荣发展的保证。

而人口的流入需要城市提供相匹配的就业岗位，更多的就业岗位就需要城市经济的不断发展，城市经济的发展进一步促进城市的发展，城市的发展又吸引更高层次人群的流入，这是一个良性循环发展的过程。

在人口流入、经济发展和城市发展这个三角关系当中，人口的流入和城市的发展都离不开经济的发展，即生产力水平的提高才是城市发展的根本动力。随着我国快速工业化进程已接近尾声，下一步城市发展的动力或者说生产力水平提高的方向在哪里呢？

1.4.3　再城市化的动力

根据"资本三级循环理论"（参见第 1.2.4 节），现代城市的发展从资本的第一级循环开始，在进入第三级循环即"消费型社会"之后，开始趋于稳定。从长期来看，资本的三级循环并不是三个独立的闭环，而是一个相互联动、同时发生、相互促进的循环系统，而且三个循环同步螺旋上升。

在资本进入第三级循环后，劳动力质量的提高和社会消费需求的提高，也反向促进城市空间的质量提升，即更好的生态环境、更舒适的居住空间、更便利的交通设施等；同时，劳动力质量的提高促进了科技的进步，科技进步推动了第一级循环中工业化水平的提升；工业生产效率的提高让原先从事工业生产的剩余劳动力，大部分转移到第三级循环中的新产业、新业态、新服务，从而进一步促进消费型社会新兴服务业的发展。从而实现三个循环的动态平衡和螺旋上升。

资本的第二级循环中的城市化和再城市化都是动态的过程，其核心动力来源于第一级循环或第三级循环中的经济增长、技术创新和产业结构的调整。从城市空间的角度来讲，最先经历城市化的区域，适应工业时代城市快速扩张的需求，所生产的空间高度同质化，千城一面；而随着消费型服务社会的来临，新产业、新业态的升级和人口素质的提高（或新型劳动者的导入）对城市生活空间提出新的个性化需求，即城市空间的再生产。城市空间的再生产无非有两种选择：征用新土地进行增量开发，或对存量城市空间进行更新改造。

在国家对耕地红线进行严格控制，城市建设用地"只减不增"的情况下，地方政府引导资本对落后的存量城市空间进行更新改造就成了唯一的选择，也就是再城市化的过程。而资本的逐利性决定了只有在城市更新空间改造前后地租差价足够大的时候，或地方政府给予相应的政策补偿而变得"有利可图"的时候，城市更新才会发生。因此再城市化应是资本逻辑和权力逻辑共同作用的结果。这个"权力"代表的是资本的利益还是广大人民群众的利益，权力逻辑驾驭并顺应资本逻辑，还是权力逻辑为资本逻辑服务，是资本主义与社会主义的本质区别。

1.4.4　公园城市的动力逻辑

"公园城市"理念是在我国的城市化率将要达到60%的时候提出的，也正是资本逻辑从第二级循环向第三级循环发展的阶段。"公园城市"正是新时代背景下由政界发起的对城市发展新模式的积极探索和政策引导，目的是引导地方政府和地方资本从快速城镇化时代的以功能与规模主导的增量空间扩张，向以人本视角和生态视角出发的高质量空间发展转变；从被动的空间规划向主动的发展谋划转变；从追求高效率的同质化空间制造向追求高品质个性化空间的创造转变。

引发上述城市发展方式转变的底层逻辑正是源于资本循环的更替。资本的第一轮循环的完整顺序是"产—城—人"，即工业化—城市化—劳动者素质化，在第一轮资本循环中工业革命所带来的生产力水平的提高是原始动力；资本引擎一旦开启，在第一轮循环发展到第三级循环之后，驱动资本反向进入第二轮循环乃至永续循环运转的动力就转变为劳动者质量的提升。芒福德认为"城市最好的经济模式是关心人和陶冶人"。新经济的发展必须从人力资源的再生发展开始。这也是我国一直提倡"创新驱动"的原因，创新需要创意阶层。

一方面，后工业社会之后经济增长的真正动力来自有才能和充满创意的人才集聚在一起所产生的巨大能量。一个城市的素质取决于这个城市里生活的人的素质；一个城市的创造力取决于这个城市里生活的人的创造力；城市之间的竞争是人才的竞争。

另一方面，人才的流入是城市或城市片区持续发展的保证，而城市人口迁移的动力来自区域之间的势能差。吸引高质量劳动者前来的势能差主要包括具有竞争力的就业、收入、生态环境、居住条件、公共服务等外部条件。

　　因此，建设"公园城市"，除实现良好的生态环境价值外，其核心任务应是吸引人才，促进产业更新与区域发展，增强区域活力与城市吸引力。换言之，产业更新和区域发展是反向推进城市空间变革的主导力量，不考虑产业发展的空间规划是无源之水、无本之木，没有产业发展支撑的公园城市没有生机和活力。

　　因此，"公园城市"建设的逻辑顺序就从"产—城—人"转变为"人—城—产"，即以"生产"和吸引高质量劳动者为出发点，建设美丽宜居城市，满足高质量劳动者日益增长的物质文化和精神文化生活需求；从而激发劳动者创新创造活力，推动产业升级和高质量发展；如此循环往复（图 1-4-1）。最终，产业经济的发展、空间环境的发展和人口质量的发展相互耦合，即人、城、境、业高度和谐统一[43]，既可实现资本循环系统的良性健康运转，又可最终实现人民幸福、社会进步的终极目标。

　　从公园城市发展的动力逻辑来看，"以人为本"应当成为公园城市规划设计的出发点和切入点，特别是城市更新区域的公共开放空间规划设计。这就需要把自然生态规律与社会经济的发展规律和人口质量发展规律协调起来，促成经济学、社会学、人口学与生态学、规划学等学科高度融合，建立起一套为城市提供可持续发展动力的"公园城市"设计范式。

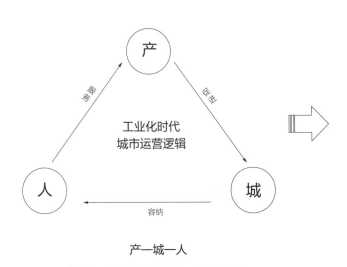

"产"为驱动：先引产，后造城，再生活，无暇顾及生态。久之，城市建设滞后，生态环境恶化，人才流失。

"人"为驱动：以引人为目标，营造宜居环境，筑巢引凤，以人才促产业升级，实现城市可持续发展。

图 1-4-1　从"产—城—人"到"人—城—产"的模式转变

1.4.5　公园城市的动力机制

公园城市理念是新时代习近平生态文明思想在城市发展领域的集中体现，其中蕴含着"人与自然和谐共生"的生态和谐观、"绿水青山就是金山银山"的生态价值观以及"生态优先，绿色发展"的生态发展观。[44] "三观"一致，"三观"一体，不可分割。公园城市并不是仅仅在城市中建设很多公园，为工业时代的生态欠账还债；公园城市更不是回到物质水平低下的朴素的生态文明语境，以牺牲人民的物质文明幸福为代价；公园城市应摒弃工业文明时期粗放的、高能耗的发展方式，但并不是只"破"不"立"；公园城市不以生态环境单一层面的提升改善为目标，而是要从根本上突破西方资本逻辑、工业发展逻辑和技术主导发展逻辑的认知局限，探索一种基于生态文明发展逻辑的城市发展动力机制。

城市的发展离不开经济增长，经济增长的基础在产业，产业发展是现代城市空间变革的主导力量。[45] 建设大美公园城市形态，需要产业发展提供可持续的经济动力。以生态文明引领的城市发展，要实现以生态资源或生态环境为驱动，或者以生态为内生动力的产业经济发展逻辑。生态价值转化为经济价值，可体现在生态产业化与产业生态化两个方面。

1.4.5.1　生态产业化：发掘衍生价值与代际补偿

一方面，对"绿水青山"所生产的优质生态产品溢价，或通过"绿水青山"所提供的生态环境服务发展旅游经济和相关衍生服务业，是最直接的生态价值体现。如成都大力倡导"绿道＋"和"公园＋"模式，制定了《天府绿道经济发展规划》和《天府绿道经济标准体系》，为将公园绿道中的相关建设用地指标转化为多样化的消费场景提供政策引导和制度保障，特别倡导在公园绿道中引入个性化的消费业态和商家品牌，打造"首店经济"模式。如成都通过"治水筑景"改善母亲河锦江的水生态环境，打造"夜游锦江"游船体验线，再现古代成都人民"大小游江"传统节庆活动。同时，在锦江沿岸打造多样化的绿色休闲消费场景，形成了"夜市、夜食、夜展、夜秀、夜节、夜宿"六大消费业态，真正实现将"绿水青山"变为"金山银山"。

另一方面，建立健全生态资产价值核算体系，建立生态资源商品化、价格化的市场交易机制，建立反映市场供求和资源稀缺程度、体现生态价值和代际补偿的资源有偿使用制度和生态产权及补偿制度，如碳汇交易机制、生态信用评价等。借助数字技术将生态产品转化为资产和资本的"丽水模式"
为生态价值转化提供了宝贵的经验。[46]

1.4.5.2　产业生态化：产业转型升级与发展新经济

传统城市公园建设的资金以及建成后的运维管养主要依靠政府财政资
金，而公园城市的绿色基底需要大量的城市公园建设，依靠现有存量财政难
以支撑这一庞大的公园系统。因此，应首先推动传统产业转型升级，利用资
源节约型生产技术，建立资源节约型的产业结构体系，转变高能耗、高污染
的落后生产方式，减少对环境资源的破坏。其次，在城市可持续发展的背景
下，产业需注重绿色无污染技术的研发实践，创建绿色产业新赛道，打造新
的产业结构体系。

2014 年前后，上海经济和信息化委员会开始提出大力发展"四新经济"，
即"新技术、新产业、新模式、新业态"。其实"新经济"一词最早出现于
美国《商业周刊》1996 年发表的一组文章中。新经济是指在经济全球化背
景下，信息技术（IT）革命以及由信息技术革命带动的、以高新科技产业为
龙头的经济。目前，新经济已席卷全球，具有低失业、低通货膨胀、低财政
赤字、高增长的特点，是我们一直追求的"持续、快速、健康"发展的经
济。新经济之所以"新"，源于推动其产生与发展的原动力——信息技术革
命所具有的全新的革命意义。相对于建立在制造业基础之上，以标准化、规
模化、模式化和讲求效率为特点的旧经济，新经济则是建立在信息技术基础
之上，追求的是差异化、个性化、网络化和速度化。

2017 年 11 月，成都召开了新经济发展大会，基于其自身的资源禀赋、
产业基础和人才储备等相关优势，提出重点发展"六大新经济形态"和"五
大重点产业"，并在全国率先成立新经济委员会，组建新经济发展研究院，
出台相关新经济政策和举措。据成都第七次人口普查数据 [①] 显示，与 2010
年第六次全国人口普查相比，增加人口将近 600 万，劳动人口充足，受教育
程度更高，这成为成都近年快速发展的源动力。近几年笔者参与多个成都公
园城市建设项目，能明显感受到成都公园城市体系建设所形成的人才吸引势
能，不断有高层次年轻"蓉漂"涌入成都，正成为成都新经济发展的持续动
力源。

---

① 资料来源于网络：刚刚！成都第七次全国人口普查各项数据情况公布（baidu.com）。

1.5　发展方式的对比视角

《周易·系辞下》中有"天下同归而殊途，一致而百虑"的名句。虽然世界各国的城市发展有不同的历史路径和发展模式，对于未来城市的研究与研判也存在诸多不同，但在求索更宜居人居环境的道路上，世界各国人民对于追求更具生态性、人文性、开放性、发展弹性的城乡空间的愿望是一致的。山水公园城市作为我国对于未来城市发展的总体解决方案，既是对中国传统营城模式的批判继承，也是对西方生态城市等理念的有效借鉴，更是对中国所处的发展阶段和主要发展矛盾的逻辑回应。

公园城市是在我国从工业时代迈进后工业时代时提出的，目的是引导地方政府和地方资本从快速城镇化时代的以功能与规模为主导的增量空间扩张，向以人本视角和生态视角出发的高质量空间发展转变；从被动的空间规划向主动的发展谋划转变；从追求高效率的同质化空间制造向追求高品质个性化空间的创造转变。笔者从不同角度归纳出 15 项内容（表 1-3），来对比从工业时代城市发展方式向公园城市发展方式的转变。

工业时代城市发展方式与公园城市发展方式的对比　　　表 1-3

序号	比较内容	工业时代城市发展方式	公园城市发展方式
1	人口	农村向城市	城市人口素质提升
2	经济	工业经济	新经济
3	空间	增量空间—同质化	存量空间—个性化
4	规划	空间规划	发展规划
5	发展	不可持续	可持续发展
6	生态环境	破坏生态	保护生态
7	发展质量	低质	高质
8	资源消耗	高能耗高污染	绿色低碳
9	效益追求	资本效益优先	资本效益与公众利益耦合
10	主导力量	资本	人本
11	发展逻辑	资本逻辑	人本逻辑
12	逻辑顺序	产—城—人	人—城—产
13	发展动力	工业化	生态价值转化
14	评价视角	追求效率	幸福指数
15	解决主要矛盾	生产力落后	不平衡、不充分的发展

1.6 公园三维适应性视角

城市公园以城市居民的使用需求为出发点，是人类在改造和适应自然环境的基础上建立起来的人工环境，它包含自然元素因子（土地、动植物、微生物、淡水、阳光、空气等）和人工创造物（建筑、小品、场所、空间等）。这个人工环境的发展过程就是各类元素因子对自然和人类需求适应性的过程；有些适应是成功的并得以延续，有的则会由于不适应而衰退甚至消亡。这个适应的过程伴随着物质循环、能量流动和信息传递的功能过程和动态表现，可以从负熵、感知和共生三个方面进行评价：负熵代表环境秩序水平的提高；感知是把环境系统内的能量转化为信息的能力，并对进一步的适应性做出反应；共生是环境内各元素因子合作的机制，这种机制使负熵成为可能并且需要感知来实现。

宇宙进化观告诉我们：进化都是从简单向复杂发展的；复杂的环境会更稳定。新时代"公园城市"发展模式下的"城市公园"应是多维立体、多元共生的复合系统，它应至少由生态系统、社会系统和经济系统复合而成（图 1-6-1）。生态系统包括自然因子和人工造物，是运用生态方法分析环境因子，了解场地内的演进过程，系统地构建生物物理环境，体现的是环境的生态适应性；社会系统是指环境可使用、可参与的方式与程度，以它对人类

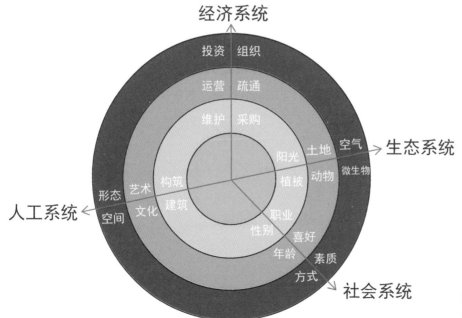

图 1-6-1 公园三维系统示意

的影响和感知来衡量，主要表现为人与环境、人与人之间相互关系效应的总和，体现的是环境的社会适应性；而经济系统是城市公园作为城市的一个重要组成部分而具有的经济属性，通过市场经济的运行原理来达成环境能量的平衡，直接影响着环境的负熵、秩序与健康，这是人工环境区别于纯自然环境所独有的经济适应性。

在公园城市理念下，城市公园应是上述生态的、社会的和经济的发展演进过程的总和，这个过程是通过连续的、动态的适应性实现的。生态适应性决定着环境对人这一生物物种的吸引力，社会适应性与人类活动的承载力正相关，而经济适应性则决定着维系城市公园这一人工环境健康运转的时长，即生命力。对于追求可持续发展的新一代"城市公园"来说，三者缺一不可。

在未来的"公园城市"发展模式下，城市公园等公共开放空间将不仅是市民休闲游憩的场所，也不仅局限于给周边地产和商业带来的正向增值，更为重要的是承担着驱动周边区域发展的使命。因此，在"公园城市"发展模式下，建设城市公园势在必行。但传统的公园投资建设模式难以获得直接的经济回报，即使可以用公园周边地块的投资升值来平衡建设公园的直接投资，也面临着公园建成后需要每年都要投入运营维护成本的压力。显然，地产开发企业难以承担公园这种准公共产品长期的运营维护成本，因此传统模式下公园的运营维护都是由政府财政拨款来承担，运营效率与效果均不佳。而伴随着"公园城市"建设的推进，高品质公园等公共开放空间将大面积增加，每年的运营维护成本将使政府财政难以承担；但如果运维养护跟不上，将很快出现绿化衰败、设施老化，前期投资的社会效益将难以为继。因此，建设"公园城市"需要探索一条可持续发展的"城市公园"投建运维之路，也就是说，公共空间环境的营造也应具有产业思维和商业运营思维。

第**2**章

公园城市下的思维方法创新
——策规·极斗七星法

2.0 引言

在快速城镇化阶段，公园绿地建设对土地和房产价值提升的贡献非常明显。据浙江大学房地产研究中心实证结果表明：住宅价格与到西湖和公园的距离呈负相关关系，而与公园的面积呈正相关关系；其中，到西湖和最近公园的距离每增加 1%，住宅价格将分别下降 0.240% 和 0.036%；公园的面积每增大 1%，附近的住宅价格则提高 0.012%；广场、山景、钱塘江等景观也对周边一定范围内房价具有显著的提升作用。[47] 房地产圈内流传着一个概念：对园林景观的投资是房地产投资环节中溢价率最高的投资。这是自 1998 年房改以来，中国地产景观业迅猛发展的直接原因，这也反映出城市居民对宜居生活环境的真实需求。

从单个房地产项目到新城新区的开发，从城市更新到公园城市建设，从微观到宏观，呈现出越来越明显的 EOD 驱动趋势。生态环境成为人们选择工作、生活与休闲地点的最重要因素之一，甚至是首先项，而园林景观建设也正迈入绿地公园的从无到有，到空间品质的从有到优的进化过程。对比上海、深圳与中西部三四线城市的公园广场、街道空间，再对比瑞士小镇与我国的小县城的生态环境，都能看出明显差距。生态环境的建设水平与品质高低直接反映着一座城市的经济发展水平与社会文明的进步程度。

从城市发展的现实规律来看，在城市发展的原始积累阶段，先有经济实力的提升，后有生态环境的品质提升（弥补短板），生态环境的品质提升依托的是经济发展的实力水平。但当城市发展到一定阶段（后工业社会）之后，生态环境的提升与经济发展水平的提升将成为相互依托、相互促进、相生相融的关系；而且，公园不再是城市配套，而是从末端走向前端，成为城市的活力中心与城市创新的策源地。公园城市正是在我国大城市已经或将要迈入后工业社会发展阶段提出的，主要面临的是城市更新转型的一系列社会经济发展问题。可以说，本阶段公园城市的建设水平（城市更新的水平）代表了这座城市的经济文化发展活力与社会治理水平，也决定着城市未来的吸引力与城市发展的上升空间。

城市的发展状态已经进入一个新的阶段，发展模式正在发生转变。因此，公园城市建设需要我们在专业设计思维与设计方法的基础上进行创新升级。笔者结合近几年在成都公园城市建设实践中的研究、思考与洞察，总结出一套以策规为引领的、指导公园城市项目实践的"策规·极斗七星法"

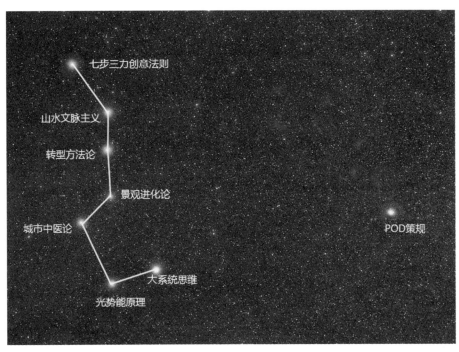

图2-0-1　策规·极斗七星法体系示意

（图 2-0-1），即围绕策规设计范式（北极星），综合运用大系统思维（天枢）、光势能原理（天璇）、城市中医论（天玑）、景观进化论（天权）、转型方法论（玉衡）、山水文脉主义（开阳）和七步三力创意法则（摇光）七种思维方法进行设计转型进化，以期对公园城市建设的相关项目实践有所启发。

2.1　POD 策规

世界各国的规划体制按照其规划形式大致可划分为三种基本类型，即建设规划、发展规划和规制规划，现代城市规划的发展趋势无疑是发展型规划。在我国城市的发展过程中，"有过几次从建设规划向发展规划转变的机会……但都在特定治理结构的作用下无疾而终，建设规划的内涵反而被不断强化和固化，城市规划的综合协调作用被不断扼制，以追求城市发展质量与品质为目标的城市规划，被限制在几条线、几个数字的管控方面"。[48]

在此大背景下，大量城市公园的规划设计也多是风景园林学或工程学背景下的一种建设型规划设计，是为了有效组织城市公共空间的建设而开展的生态美学空间规划，其规划内容基于场地特征按照一定的规范标准，通过一定的指标和蓝图描绘出理想的最终状态。这种设计范式多关注空间形态，而较少关注未来社会经济发展，而"公园城市"的目标是为了社会、经济、生态多方面的均衡可持续发展。因此，"公园城市"理念下的公园规划设计应该是一种基于对未来社会经济发展进行预测并作出相应统筹安排的发展型规划。其与建设型景观规划的最大不同是逻辑起点不同，从满足未来社会经济发展的需要视角，对生态资源、土地资源和空间资源进行发展预判和统筹运营，而建设型公园规划多从中短期的建设任务和物质空间环境的安排出发。此外，前者更强调进化的方向正确与过程的合理，而后者更强调短期实施结果与规划蓝图的一致。前者以方向目标为导向，而后者以结果状态为导向。

深受建设规划的思维惯性影响，人居环境建设行业内的景观规划师多认为，公园城市中关于片区产业与社会经济发展等"分外事"理应由其他相关专业人士去解决；而产业与社会经济发展相关领域的从业者也认为"城"和"境"等人居环境建设领域是"分外事"。如果各个专业对超出本专业的"分外事"都以"事不关己，高高挂起"的心态视之，关于公园城市的研究就会因陷入各专业闭门造车、管中窥豹的单视角片面性而停滞。这也是过往很多大型 PPP 项目、特色小镇、田园综合体、城市片区更新等大型投资项目失败的重要原因。在未来公园城市社会经济发展方式转变过程中，观念的改变是最为重要的，如果仍然无法突破建设规划的藩篱[49]，公园城市理念将无法真正落地。

公园城市作为一种脱胎于传统发展模式的新型城市发展模式，人—城—境—业是一个有机整体，以生境＋安居＋乐业的闭环可持续实现真正的以人为本的幸福生活。因此，各专业人士不应将其割裂开来，仅从本专业视角进行垂直研究，而应以横向多视角、整体思维进行研究和实践。公园城市建设既需要"往深度钻研的青蛙"，也需要"富有远见的鸟"和"整合者狐狸"[50]，应从打破专业的藩篱开始，逐步培养具备城市产业与区域发展思维的"T"形景观规划人才，推动"公园"的规划设计从建设型规划向发展型规划转变。当下过度专业化的学科分工显然不能适应公园城市新的发展需要，这就需要多学科、多领域的交叉融合与进化，产生出与"公园城市"相匹配的新学科、新知识体系、新实践路径。成都锦江九里公园、东风锦带以及新金牛公园片区的公园规划设计（详见第 3.3 节）都是首先跳出了空间、形态的专业思维束缚，从产业与片区中长期发展的角度切入，进行整体的发展谋划，是一种以公共空间为核心的 EOD 策规一体化设计范式。

EOD 是一种基于公共空间生态环境（泛公园）为驱动的发展模式，策规是策划规划一体化的简称，POD 策规是围绕以公园为核心的区域进行整体的发展策划和空间规划。其中，策划是定方向的，通过对项目的独特性、差异化的挖掘，确立形象定位和发展方向，并对产业、业态、运营、管理等实现路径进行预先谋划；方向不对，努力白费。规划是定布局的，基于场地的山水格局、资源条件，结合策划内容进行空间落位、统筹布置，以求资源利用最合理、综合效益最优解；布局缺陷，发展受限。POD 策规是以构建闭环的系统蓝图为策动和统领，实现发展的愿景目标与基地资源的有效匹配，确保策划创意在土地空间上能够完整延续。策规的要义是价值（利益）驱动，以产业或商业价值的实现来推动综合社会价值的可持续实现。策规方案应当"浪漫而又现实"，形成一个价值的闭环和循环系统。

根据公园面积大小、与周边区域的关系以及解决的核心问题的不同，可将 POD 策规分为四种类型：

（1）**发展型策规**。适用于城市级及以上级别的公园，公园面积较大，辐射服务人群广，对区域发展的潜在影响大。应以系统思维谋划以公园为核心的片区发展，包括发展模式、路径选择、产业业态、交通组织、文化旅游、生态人文等方面的可持续发展蓝图；因涉及面广，实施难度大，应以愿景为指引，谋大局，算大账，并实现投资价值的闭环，可采取分期实施的策略。成都锦江九里公园（详见第 3.3.1 节）和东风锦带（详见第 3.3.2 节）就是典型的发展型策规实践。

（2）**风貌型策规**。适用于特色小城镇或片区综合开发项目。在快速城镇化时期，以现代城市规划思想和现代建筑手法建设起来的城市"千城一面"。公园城市理念下，应当依据每一座城市的山水文脉底蕴与产业发展定位，对其城市形象和景观风貌进行策划定位，并制定出可行的技术路线与精准的风貌导则，对建设项目进行长期引导和控制，以形成独具魅力的城镇风貌。小北区景观风貌规划（详见第 3.3.3 节）就是典型的风貌型策规。

（3）**投资型策规**。适用于有一定的资源与区位优势、与周边各类产业空间联系紧密的公共空间。项目基地面积不一定很大，但通过独特的创意定位与业态规划，可以实现较高的生态价值转化；并通过项目自身有效的投入产出回报，达成价值闭环，实现可持续运营。后文悠竹山谷策规（详见第 3.3.4 节）就是投资型策规的一个典型案例。

（4）**综合型策规**。兼顾发展型策规与投资型策规的特点，既包含近期投资建设的公共空间，重视投入产出回报；又重视项目对片区的中长期发展起到引领和驱动作用，应与周边区域在产业业态和空间形态上进行系统性的超前谋划；通过可度量的价值实现投资闭环。后文丝路云锦策规（详见第 3.3.5 节）与 2024 年成都世界园艺博览会策规（详见第 4 章）都是综合型策规。

公园城市理念下，公园的规划设计不仅限于有形的公园绿地设计范畴，而应站在城市发展的全局高度，协调城市的健康与可持续发展。顶层设计、产业业态、商业运营等诸多以前属于景观专业领域之外的"分外事"，现如今都应成为投资决策的"分内事"。以前的所谓空间、形态、生态等"专业分内事"其实是"形而下者"，是单向的、片段式的，甚至是碎片式的；而策规要为"形而上"的人与自然、人与社会、人与发展的关系服务，要为公园城市"以人为本"的本质和类本质的可持续实现服务[51]，是双向的、系统的、闭环的。如果这些"分外事"没有解决，那些"分内事"往往找不到方向或者做了也无价值。这是新时期公园城市理念下，社会经济向高质量发展转型，投资项目科学决策的现实而迫切的需要。

POD 策规正是适应这种需求趋势的设计范式转型。接下来将详细解读的大系统思维、光势能原理、城市中医论、景观进化论、转型方法论、山水文脉主义以及七步三力创意法则，是构成指导 POD 策规实践的原理方法支撑体系。这一体系分为三个层面：其中，大系统思维和光势能原理是跨专业、跨时空的，在人居环境设计领域具有一定的普适性；城市中医论、景观进化论和转型方法论是公园城市理念下关于景观业进化的思维方法与观点；而山水文脉主义和七步三力创意法则是针对单个具体项目的创意方法。第 3 章城市更新区域的公园案例与第 4 章城市新城区域的公园案例，都是以 POD 策规思维方法体系为指导的公园城市实践探索，以期对公园城市建设的广大参与者有所启发。

2.2　大系统思维

关于对公园城市的解读，如果说"公园城市成都共识 2019"中所形成的十项共识尚显宽泛抽象，中国城市规划学会与四川天府新区党工委管委会研究发布的"公园城市指数框架体系"（图 2-2-1）相对更加具体明晰：公园城市建设是一个涉及生态、人居、经济、文化、治理等 5 大领域 20 项评价指标的创新发展实践，目标是实现一个"和谐美丽、充满活力的永续城市"。

"公园城市"是一个立体的、系统的城市概念，不再是单体公园＋城市，也不仅仅是公园系统＋城市，而是一个涉及生态本底与城乡格局、社会经济

图 2-2-1　公园城市指数框架体系示意[①]

与产业发展、环境游憩与文脉传承、资源利用与低碳生活等多维度的复合系统。因此，"公园城市"中的"公园"不再是城市版图中被红线圈定的绿色斑块，不再局限于原本城市建设中绿化美化或者生态美学的价值范畴，公园不再是配套而应该是片区发展的触媒和引领。在公园建设之前，应从多学科视角、片区整体发展的系统思维来重新认识和组织"公园"。

实践公园城市是新时代新一轮中国城市健康发展的模式探索，它绝不是"人＋城＋境＋业"的简单组合体，而是一个"人—城—境—业"四维度高度融合的发展有机体，真正实现生态＋安居＋乐业的"人本主义"闭环。笔者在成都公园城市项目实践中也能真切的感受到，政府部门对诸如产业发

---

① 资料来源：中国城市规划学会，四川天府新区党工委管委会. 公园城市指数（框架体系）[R]. 2020.

展、运营管理、社会协同可持续等原本不属于人居环境学科研究范畴的诸多现实发展问题的关切。我们应跳出人居环境学科的单一视角局限，从多学科交叉融合视角，以发展的眼光、发展的逻辑和系统思维来研究公园城市、实践公园城市。

2.2.1　跨界融合思维

导言二中提到纽约中央公园的首席设计师奥姆斯特德并不是设计相关专业出身，却成为美国最重要的公园设计师和美国景观设计学的奠基人。加拿大籍撰稿记者简·雅各布斯在《美国大城市的死与生》一书中，对现代城市规划思想进行了无情的批判，从而引发了城市规划思想的全面转向。在建筑设计界，不是建筑学出身却跨界成为建筑大师的名单很长：勒·柯布西耶、密斯·凡·德·罗、弗雷·奥托、贝聿铭、安藤忠雄、彼得·卒姆托、库哈斯，等等。各行各业都有不胜枚举的跨界跨专业取得非凡成就的人士。

但现实世界的另一面，随着西方科学技术的发展，学科越来越细分，每个学科研究的领域越来越窄，内容越来越往纵深专精。事物发展的规律是物极必反，学科越来越细分的同时，它也将越来越孤立，从相关领域获得的养分也会越来越少，反而不利于创新，不利于系统解决不断出现的新问题。

我国人居环境科学的创建者，两院院士吴良镛指出，"18 世纪中叶以来，随着工业革命的推进，世界城市化发展逐步加快，城市问题也日益加剧。人们在积极寻求对策和不断探索的过程中，在不同学科的基础上，逐渐形成和发展了一些近现代的城市规划理论。其中，以建筑学、经济学、社会学、地理学等为基础的有关理论发展最快，就其学术本身来说，它们都言之成理，持之有故，然而，实际效果证明，仍存在着一定的专业局限，难以全然适应发展需要，切实地解决问题"。[52]

面对我国城市发展中出现的种种问题、矛盾，为"找到一些更综合、全面和实际的解决办法"，吴良镛创立了人居环境科学体系，不仅强调建筑学、城乡规划学、风景园林学三个学科"三位一体"的融贯发展，走一条融合之路，创造中国特色的人居环境；并指出，可参照复杂性科学理论，把科学、人文、艺术结合起来，把政治、经济、社会、人文、生态、交通、建筑、规划、景观、能源、经济发展、社会发展等融合起来。[53]人居环境科学不是一个封闭的学科，而是要与经济、社会、地理、环境等外围学科相互渗透和拓展，共同构成开放的人居环境科学学科体系[54]（图 2-2-2）。在公园城市

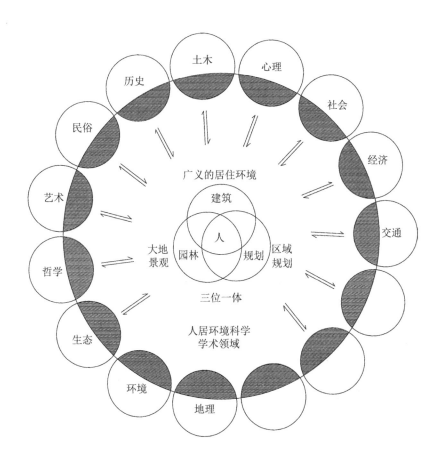

图 2-2-2　人居环境科学开放创新系统示意[①]

建设的大背景下，单一学科的专业局限性越发明显，多学科融合的趋势越发急迫。

风景园林学作为人居环境科学的三大支柱之一，是一门建立在广泛的自然科学和人文艺术学科基础上的实践应用型学科，以户外空间营造为核心，以协调人与自然关系为根本使命，融合工、理、农、文、管理学等不同门类知识和技能的交叉学科；是承载人类文明尤其是生态文明的重要学科，在资源环境保护和人居环境建设中发挥着独特而不可替代的作用。从其定义看，风景园林学具备复合的学科知识体系，几乎是无所不包的博物学。但正如大卫·哈维曾经对地理学的评价"地理学长于事实而短于理论"，风景园林学也是长于实践（物理空间营造）而短于理论，尚未形成经过逻辑实证检验的学科底层理论体系，尚未形成统一的学科价值评价与绩效测度体系。正是由于没有底层理论支撑，专业理论研究似浮萍一样追热点，似乎无所不能，啥

---

① 资料来源：吴良镛. 人居环境科学导论［M］. 北京：中国建筑工业出版社，2001.

都能参与，但啥都不精通，与相邻学科专业重合度很高，也就没有独立存在的意义，因此被取消一级学科也就是情理之中的事了。另一方面，理论研究脱离设计实践，相互不能提供养分，不能相互实证，知与行渐行渐远，导致风景园林学在实践应用层面的效用发挥一直没有突破，社会实践仍聚焦于有形的物理空间设计，被认可的实际社会价值有限。

吴良镛院士们早已预见了我们今天的问题，为我们指明了方向，并提出了解决方案。但在快速城市化阶段，人们在旧有路径上突飞猛进，根本停不下来。即使已经到了公园城市时代，大多数各专业从业人员依旧在本专业领域内故步自嗨，曾经犯的错依旧在重复。目前从事人居环境学科领域的相关从业者，大多只能从事有形的物理空间的设计，而对以公园为中心的无形的社会系统设计缺少认知。认知局限与能力单一将导致大多数设计师将面临痛苦的"转型升级"压力，至少一半人将被淘汰。正如吴良镛院士在回顾人居环境科学创建时所讲："改革是由倒逼而产生的"。永远只有少数人提前主动变革，大多数人是被动地改变。不管是主动还是被动，跨多学科的复合能力已然成为公园城市对人才培养的现实迫切要求。

从项目实践的视角来看，一个公园建设项目由四个维度组成：自然基底、空间形态、游憩活动、运维管理。而目前，国内培养公园景观设计人才的学科专业也主要有四类：景观生态学以自然基底的可持续为使命，风景园林学主要以空间环境的规划到设计为过程，环境艺术学以艺术人文设计为擅长，旅游管理学以旅游资源运营管理为专长。也就是说，公园城市下的公园建设项目跟四个专业方向密切相关。但由于不同学科门类之间的学科门户之见分歧严重，人为分割导致知识结构与能力结构皆不完整，造成了学术界和业界的迷失，在实践工作中出现了许多误区和偏差。鉴于此，是否应当顺应时代发展需要，进行跨学科整合，发展出一门公园城市学（或公园城市服务设计学）？该学科以泛公园（城市公共空间）为核心，从有形的物理空间设计拓展至无形的城市社会系统的设计，不仅协调传统的人与自然的关系，还应协调天地人与产业、商业、文化、社会之间的多元关系，以整体性思维构建以公园为核心的可持续系统，即公园社区。这个公园社区系统并无定势，而是以社会问题与社会需求为导向，因地制宜，多方协同共创。景观师应突破有形的专业圈层局限，勇敢地从其他学科专业汲取养分（含组建多专业协同团队），以激发更大范围的协同整合能力，将分散的城市要素整合为可持续的系统发展。景观师的社会价值认知也将由目前的末端服务者升维至

EOD 项目架构师、整合者与驱动者。

在组织实施中，一个公园社区项目从谋划到落地运营大致要经历策划—规划—设计—施工—运营 5 个阶段，策划阶段主要解决社会经济发展层面的问题，涉及产业、发展、游憩、活动等方面的谋划；规划阶段主要解决环境空间布局层面的问题，涉及大地山水、功能结构与业态布局的落位；勘察设计阶段主要解决空间形态组织的问题，涉及空间美学、视觉形象、技术组织等内容；施工阶段主要解决工艺技术实现层面的问题，涉及组织、管理、技术、资金等方面的内容；运营阶段主要解决组织管理层面的问题，涉及管理维护、活动有序、价值实现、经济可持续等日常活动组织。每个阶段解决的核心问题是不同的，相应地需要的核心能力也是不同的。阶段与阶段之间的过渡就需要具备复合能力的人才进行衔接，否则就会产生过往衔接不顺、设计衰减的通病，而这已经严重影响到公园城市建设的效果、效率与效益。"公园城市学"培养的专业人才应当具备穿透以上多个阶段、多个层面的协同整合能力，提供专业化、长周期、负责任的伴随式服务。

后文第 3 章将详细解读我们在成都公园城市建设中的实践案例，每一个案例几乎都"超纲"现有风景园林学科的知识和能力体系。从锦江九里公园策规（详见第 3.3.1 节）到九里策规下的亲水园 EPC 实施（详见第 3.4.2 节），就是一个"从云端到地面"的全过程伴随式实践，几乎涉及前表"人居环境科学开放创新系统"中的每一个学科。的确，这是一条非常规的专业进化路径，景观师需在项目实践中不断扩展自身的知识、认知和能力边界，多专业整合协同。唯有此，才能"超越客户期望"，才能承载起向公园城市转型的希望与梦想。

2.2.2 片区整体思维

唯物辩证法告诉我们，任何事物都不是孤立存在的。进化论告诉我们，宇宙进化都是从简单向复杂发展的，复杂的环境会更加稳定。普利兹克奖得主克里斯蒂安·德·鲍赞巴克认为，现在的城市更新需要通过在单一功能上"做加法"，释放更多的单一用途或私人所有的空间，让城市空间螺旋上升到一种更健康的混合、多元、高效状态。城市学家简·雅各布斯也说，一个城市的街道越是成功地融合了日常生活的多样性和各种各样的使用者，也就越能得到人们随时随地的包括经济上的支持，促使其更加成功。

纵观近年来上海城市空间的变迁史，就是一部逐步破墙开放的历史。公园从收费到免费，从围墙高筑到破墙透绿，再从局部取消围墙到整体取消围墙，不断朝开放转变；大大小小的社区广场、口袋公园见缝插针地点缀在市民身边，连接起居民区与高楼大厦，共同组成人们触手可及的 15 分钟生活圈的一部分。2017 年底，黄浦江两岸 45km 公共空间全线贯通；2020 年底，苏州河中心城段 42km 岸线基本贯通。"一江一河"两岸的变迁，迈向人民共建、共享、共治的世界级滨水区。"一江一河"滨水岸线的开放贯通，打掉了不计其数的围墙与堵点，在保护工业历史遗存、延续"海派文化"的同时，为城市发展打开了新的立面，更为市民生活打造了新的活力空间。

新时期，公园城市视角下的城市公园不应再是绿色孤岛，而应是打开围墙，弱化边界，作为城市或城市片区的一个有机组成部分，更加开放地与相邻城市空间紧密融合。因此，在对公园及周边进行顶层设计时，不应以红线为界只研究红线范围内的空间布局或生态问题；而应打破边界束缚，以整体思维研究以公园为核心的片区发展问题，构建一个片区发展的生态系统。

"公园城市"模式下的"城市公园"已经远远超出了传统公园绿地的价值范畴，公共空间环境的发展与产业经济的发展、人口质量的发展将深度融合，城市公共开放空间系统将与社会经济领域的其他系统深度融合，开创一种更为开放、更可持续的发展局面。因此，公共开放空间的规划设计应突破红线范围的界限和园林专业的局限，从更大范围、更宏观的发展视角进行整体创意构思。目前很多公园项目的规划设计正如佐佐木英夫所讲"做些装点门面的皮毛性工作"，并没有从全局的视角去谋划，只是实现了公园的显性价值，而没有挖掘背后的"内生动力"，从而丧失了宝贵的发展机遇。造成这种遗憾的原因主要有两个方面：

首先，从工业文明和快速城镇化阶段向生态文明和后工业时代迈进的过程，也是人们观念认知升级的过程。相关部门对于城市发展的理念认知已经落后于时代的发展规律：城市更新区域的再发展动力逻辑已经发生了变化，不应再沿用新城新区的土地财政开发思路；或缺乏谋全局、算大账的整体发展观而采取局部修修补补的建设方式，分散式、碎片化开发导致的业态失衡、配套不足、土地低效、交通衔接等问题日益凸显。后工业时代的城市更新面临的问题更多元、更复杂，因此应采用片区整体谋局、精细化运营的治理理念，更耐心地、综合地、多目标地解决发展问题，而不是粗放地、单目标的解决空间环境问题。

其次，景观规划专业的发展已落后于时代的发展要求。快速城镇化时期片区发展的顶层设计一般以人口规模预测为依据，从空间布局入手开展规划设计工作；但城市更新区域的发展逻辑已完全不同，不仅需要规划蓝图，还需要以更具体、更务实的技术手段为实施抓手，实现价值闭环与可持续运营。而景观师普遍缺乏城市的整体发展思维和产业经济思维，往往习惯于以上位的城市规划为依据，开展公园红线范围内的物理空间设计，实际关注的多是公园的显性价值；城乡规划师具备宏观的思维优势，但尚需充实落地实施的具体技术手段和经验。因此，无论是规划师还是景观师，在公园城市精细化运行的实践导向下，都应当向具备从云端到地面闭环能力的 EOD 设计师进化。

新时代公园城市理念下，应将公园置于一个更加复杂而宏大的系统审视和定位，设计应遵循"做局部之前，先定位整体；做片区之前，先定位城区"的整体观。成都锦江九里公园（详见第 3.3.1 节）就是一个典型案例，做九里公园的空间规划不是目的，以九里公园策动牵引整个片区的城市更新才是目的。东风锦带（详见第 3.3.2 节）的景观设计也不是目的，以东风锦带沿岸公共空间为核心，引领整个片区约 15km^2 的"北部科创小城"才更有价值。新金牛公园至天府艺术公园之间（详见第 3.3.5 节），如果只是人行连通，则能级有限，而如果以"丝路云锦·高线公园"激活周边的存量资源，提升片区一体化发展能级，则建设投资才更有价值。

如果将视野再放大，对整个北城的发展定位进行系统梳理，以"山水城区、艺术城区、创智城区"重塑"铁半城"①的落后形象（详见第 3.2 节），进行一体化规划，建立整体协同机制，则九里公园、东风锦带、新金牛公园三个片区（详见第 3.3 节）的发展定位、空间规划和详细设计就有了统一的依据和指导，三个片区的提升又为成都北城的新形象注入能量，片区与城区之间相互赋能，有形与无形相互实证。这一过程同样适应"光势能原理"（详见第 2.3 节）。

公园城市理念下，城市片区整体发展的顶层设计需要多学科专业背景的团队或复合型 EOD 规划人才的涌现，其应具备将生态价值转换为经济价值和"内生动力"的闭环能力，即基于生态发展观的对城市产业和区域整体发展的洞察力、预判力与决策力。[55]

---

① "铁半城"代指成都北城区，因铁路部门、铁路企业和铁路设施密集而得名。

2.3　光势能原理

人们为什么要去一个地方旅游①呢？简单的答案就是吸引。不同人群的旅游目的不一样，但"吸引"旅游者前往的地方，一定至少具备满足人们"求新、求知、求乐"的因素之一，满足游客对他人生活的地方、生存场景、生活方式的好奇，希望了解、参与、体验和感悟；并在异地获得平时不易得到的知识与快乐。从根本上讲，这种"对未知的好奇""获得的不易"和"获得之后的快乐与满足"正是人们外出旅游的内驱力。因此，开发运营项目的捷径应是满足游客的好奇与获得感，满足好奇与获得感就要创造独特性和差异化——独特的景观、独特的体验和独特的生活方式。

2.3.1　光势能概念

独特性犹如高悬于空中的"光球"，独特性越强，其高度就越高；但如果光球只有高度，而亮度不够，其辐射范围就很有限，辐射人群有限，就很难可持续发展。针对这一现象，笔者借用物理学的"光能"与"势能"原理，提出"光势能"概念以指导公园的规划设计创作。

对于已经体验和轻易获得的体验，旅游者的兴趣就会大大降低。因此，旅游资源、旅游产品在多大范围内具有独特性，即能满足多大范围内人们的好奇心、在多大范围内不易获得，其势能辐射范围就有多大。譬如某旅游资源在一个市域内是唯一的，那么这个市域内的人们就有来观光游览的愿望；但如果临近的城市都有类似的旅游产品，那么它对临近城市的游客就没有了势能。上海迪士尼对全国乃至周边国家和地区的小朋友都有强势能，但上海的欢乐谷只对长三角临近城市的游客有一定的势能（北京、深圳、武汉、成都等都有）；而上海的朱家角古镇甚至在上海本土都没有强势能（上海周边有很多古镇，且比朱家角更美）。

从这个意义上来说，那个虚拟的"光球"资源独特性越强，"光球"高度就越高，潜在辐射的受众范围就越广（图 2-3-1）。"光球"的势能等于质量（体量）乘以高度，如果光球的高度很高，但体量很小，势能也不会高，譬如故宫和故宫里的一幅名画，显然故宫的势能明显大于那副名画。另一方面，如果那个"光球"只有高度，而亮度不够（极端情况下可以想象成一个

---

① 此处的旅游是泛概念，含参观、考察、游玩、度假等休闲方式。

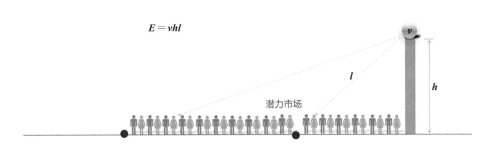

$E = vhl$

l

h

v

潜力市场

图 2-3-1　光势能
原理公式：$E = vhl$
（E 代表光势能，v 代表
项目体量，h 代表项目
独特性，l 代表光亮度）

铅球），也无法让远处的受众接收到光芒，譬如世界上风光独特的峡谷很多，但科罗拉多大峡谷最著名。总之，"光球"光芒的辐射地域就是市场潜力空间。

对于运营导向的文旅类项目来讲，吸引游客、产生消费是核心目标。旅游资源的吸引力取决于其独特性，独特性决定"光球"的高度；吸引游客到来之后，能否产生消费取决于文旅产品服务的供给状况，供给状况决定"光球"的亮度；高度具有势能，亮度具有光能，光势能是势能与光能的乘积。公园城市理念下，未来的公园应实现可持续自运营，就需要以文旅思维进行投建运管，光势能原理同样适用。

2.3.2　光能量基因

一个文旅类开发项目（同样适用于一个城市或地区）往往会有多种文旅资源（包含产品与服务），从能量的角度来看，每一种资源（产品或服务）都是一个"小光球"。但如果各自为战，均力发展，很可能会成为一个"没有领袖的平庸团队"，甚至是一盘散沙。如果能把这些光球的光势能统一集中起来，相互加持，无疑会产生出更高能量的光球，变得更亮，辐射足够广阔的潜力市场，吸引足够多的消费能力强、消费时间长的游客前来旅游度假。这个整合统领的力量就是鲜明品牌文化下的内涵与气质，即能量基因。这就是气质鲜明、魅力独特的城市（或项目）成功的秘密。

以成都锦江九里公园（详见第 3.3.1 节）的创作过程为例，片区内分散布局的 9 个公园就是 9 个小光球（图 2-3-2），将 9 个分散的小光球集合成一个大的"九里"光球（图 2-3-3），显然体量（v）更大；一个"九里"品牌显然比 9 个子品牌更利于宣传推广与品牌传播。研究发现，九里这个"光球"可形成以下两个方面的比较优势，其独特性将决定其高度（h）：

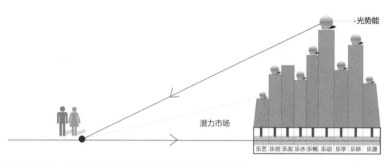

图 2-3-2 九里片区 9 个分散公园的光势能模型

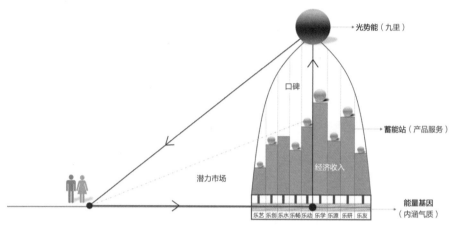

图 2-3-3 统一能量基因后的九里光势能模型

首先体现在空间形态上，成都中心城区多是密布的街巷，"缺乏大尺度旅游地标，缺乏开敞空间，消费中心转型升级缺乏载体，交通组织与人口集散能力不足"。通过梳理九里片区锦江两岸的公共开放空间，可使其成为成都三环线以内最大的城市开放公园（占地面积 1.76km²），且与欢乐谷以及沙河生态公园连通（加和后总占地面积 4.26km²）。

其次体现在业态上，九里的业态应区别于老城区民俗市井的传统业态，而是以面向未来的、雅尚的艺术文创业态吸引年轻群体，以国际交流交往和城市微度假为目标（参考墨尔本联邦广场周边雅拉河两岸）。

至此，分散的 9 个公园整合成为一个大的"九里"品牌，总体上也具有了一定的独特性。但如果每个子公园相互不协同，各自为战，如杂牌军般一盘散沙，分散的每一个光球的光势能如果不能够汇聚起来，甚至还相互抵消能量，那么九里一定是暗淡无光的。如果公园里面的建设内容没有特色，不够精彩，品位品质不高，"九里"同样将没有光彩（1），一样不能吸引人。那么，如何才能让九里这个"光球"散发出光芒呢？首先需要寻找真正能把 9 个小光球的能量汇聚在"九里"品牌下的能量基因（共同的代码语言），即"天府韵、国际范、青春态"的气质，以满足现代成都年轻人社交交往与城市微度假的需求为抓手，围绕九里公园建立新场景、新消费、新体验，集聚创意、科技、艺术产业，激发片区城市更新活力。有了共同的基因代码，能量才有可能汇聚储存起来，才能发光发亮。

以抗日战争时期的国民党军队和中国共产党领导的人民军队相比较，可以更好地理解能量基因的重要性。以蒋介石为首的国民党军队面对日军进犯，即使是在兵力占优的情况下，也是屡战屡败，丧失大片国土，很大程度上是因为国民党军队的构成复杂，多由各地的军阀整合而来，面对困难时各怀鬼胎，难以形成合力。相比之下，共产党军队虽然装备很差，却是由"亮剑精神"武装起来的人民军队，电视剧《亮剑》中李云龙在毕业答辩时作出了诠释："事实证明，一支具有优良传统的部队，往往具有培养英雄的土壤。英雄或是优秀军人的出现，往往是由集体形式出现，而不是由个体形式出现。理由很简单，他们受到同样传统的影响，养成了同样的性格与气质。任何一支部队都有着它自己的传统。传统是什么？传统是一种性格，是一种气质！""面对强大的对手，明知不敌，也要毅然亮剑，即使倒下，也要成为一座山、一道岭！"。可见，能量基因的重要性。

散文写作的要点是"形散神聚"，神韵是一篇优美散文的能量基因和能量源，而内涵气质是一座特色城市甚至是一个特色项目的能量基因和能量源。没有鲜明内涵气质的城市很容易迷失在"千城一面"的平庸之中；而具有鲜明内涵气质的城市就像打通了"任督二脉"，"任督二脉通则八脉通，八脉通则百脉通，进而能促进循环，强筋健骨，改善体质"。一座城市或一个项目有了鲜明的内涵气质，往往能量满满，散发出旺盛的生命力和吸引人们去走一走、看一看的光势能。

2.3.3　光合作用与蓄能

在规划设计中，项目独特性越强，光势能就越高，就更容易让广大游客知道，并且心怀憧憬；但如果产品服务没有满足游客的期望而导致游客只能短暂停留，同样无法产生消费。笔者引入生物学的光合作用原理来说明文旅项目的可持续能量生产（运营）过程。

众所周知，光合作用（图 2-3-4）是生物界一切能量的最初来源。而物质循环和能量流动是生态系统的基本特征；物质是能量流动的载体，能量是

图 2-3-4 光合作用的原理示意

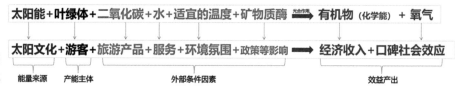

图 2-3-5 游客消费与光合作用的类比

物质循环的动力。通过类比发现，游客的消费过程竟然就是一个"光合作用"的过程（图 2-3-5）。因此，研究光合作用的能量运行规律可以帮助我们更好地构建文旅运营项目的生态系统。

　　光合作用产生有机物（化学能）的多少跟叶绿素的数量、光照时间在一定范围内呈正相关的关系。以此类比，旅游收入的多少跟游客的数量和消费能力、停留时间呈正相关关系。如果没有足够的二氧化碳、水和适宜的温度等任一外部条件，光合作用的效率就会大打折扣。同理，如果没有高品质独特性的文旅产品、优质的服务和优美的生态环境等任一外部因素，游客的消费水平都将大打折扣。因此，提供高品质的度假产品和服务是增加旅游收入的必由之路。

　　"最高最亮"、最具光势能的九里品牌吸引游客，而每一个子公园、每一种业态、每一个体验项目才是基本的消费蓄能单元。不同蓄能单元的蓄能能力不同，但由于有内涵气质的统领，能量（运营收入和口碑社会效应）会自动集聚

起来，转化为势能和光能，进一步推高"九里"的高度，增强"九里"的亮度；从而构筑起九里公园运营的生态系统，实现能量流动与能量积累的良性循环。

但如果九里公园内的蓄能单元不具备独特性，没有吸引力或者品质不高，无法吸引游客长时间停留，无法形成消费，则九里的光势能就无法转化为能量（经济效益与社会效益）储存起来；或者说这种光势能只是一种虚的能量，类似于手机电池老化之后显示的虚电量。

度假人群的消费能力和消费时间显然要比观光人群强很多；因此，我们需要转变文旅项目的蓄能理念——从门票经济向服务经济思维转变。提供什么样的旅游产品就会吸引什么样的旅游人群。观光游与度假游背后的思维方式是迥然不同的：观即看，看完人就走了，很少产生除门票以外的其他消费，景区观光是典型的门票经济思维。而度即度过，假是一段休闲放松的时间，度过一段休闲时光必然会产生消费，度假是产品和服务思维。所以，九里的目标是成为城市微度假目的地，而不是观光目的地，场景业态多是参与性、体验性的，而不是观赏型的。

旅游度假目的地的必备基本条件有两个：住和玩。围绕住（理想栖居的优美环境和舒适宜人的住宿条件），安排丰富的活动体验。很多旅游度假目的地的酒店不仅提供住宿，而且围绕酒店打造度假综合体，这种趋势将越来越明显；因为酒店住宿相当于旅途中的家、游客心中的锚，锚定则心定，心定则客留。住和玩的设施就是基本的蓄能单元。蓄能产品未必是大投资、大制作，关键在于环境、体验和品质，即环境轻松化、体验创意化、设施品质化。

通过上述分析我们发现，文化品牌（光势能）、产品内容（蓄能站）和内涵气质（能量基因）是构建文旅生态系统的关键三要素（图 2-3-6），缺一

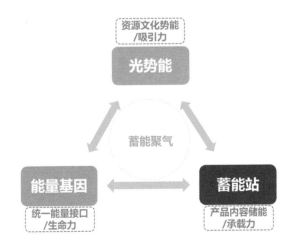

图2-3-6 光势能、能量基因与蓄能站之间的关系示意

不可。独特的文化品牌具有高势能，高势能创造吸引力；精致的产品内容提供承载力，实现有效蓄能；内涵气质是众多产品内容的共同基因，聚合能量并为文化品牌输送能量，延续其可持续的生命力。

2.3.4 光势能原理实践应用

以成都北城的公园城市实践为例（详见第 3 章）。成都北城区曾一度是衰败落后的"铁半城"，以"做局部之前，先定位整体；做片区之前，先定位城区"的整体思维为指导，笔者团队通过大量的研究分析，对北城的公园城市建设进行了三个方面的系统构建——山水文脉复兴、产业发展复兴与文创艺术复兴，重塑新金牛的公园城区形象——山水城区＋创智城区＋艺术城区（详见第 3.2.4 节）。这个形象定位就是那个"光球"，也是统领项目建设的能量基因。以山水基因为统领，目前已经建成的项目有：国宾片区天府艺术公园的"山水芙蓉"，茶店子片区的"悠竹山谷"与"丝路云锦"，九里片区的临水雅苑、亲水园、沙河源公园等，还有位于天回山与凤凰山之间的小北区片区的东风锦带、云溪河等项目。具备共同基因的一个个优质单体项目将为"光球"持续输送能量，进一步推高它的势能，增强它的光芒。伴随着北城新形象光势能的不断增强，人们将对北城越来越有信心，吸引创意阶层不断涌入，优秀企业不断入驻，而这又是一个光合蓄能的良性循环，最终北城将逐步实现全面复兴。

在 2024 年成都世界园艺博览会（以下简称世园会）园区规划（详见第 4 章）中也综合运用了光势能原理。世园会本身就是一个"光球"，但是随着近年来全国各地世园会、园博会、绿博会等大型园林园艺博览会的成功举办，世园会的影响力越来越小，其本身自带的光势能也越来越小，我们需要通过塑造成都世园会的独特性，增强其光势能。$E = vhl$，从体量、独特性与光能量基因三个方面进行解读。

成都世园会这个"光球"区别于其他类似园博会的特质是什么？一定是基于成都特色！世园会选址于绛溪河谷两岸，几乎是东部新区的地理中心位置，它的东面是以太阳神鸟为创意主题的天府国际机场，西面是以太阳神鸟为创意灵感的丹景台，如果世园会也以成都最具代表性的太阳神鸟文化为创意主题，三座城市地标形成太阳神鸟"飞翔于蓝天，眺望于山巅，栖息于河川"的文化脉络演绎，无疑对东部新区的文化品牌加持是最大的。而且，太阳神鸟栖息于绛溪河川的立意，正好呼应了本届世园会"公园城市，美好人居"的主题。于是，园区规划总图因形就势，构建起"神鸟栖川·阅千年"的大地景观体系，体现出天地人神合一的人居哲学。至此，成都世园会这个"光球"就确立了独特的天府气质与神韵，这也是统领整个园区建设项目的能量基因。

规划构图以"神鸟栖川"为形韵，而内涵则浓缩了成都跨越数千年的四大文明篇章（四大分区）：① 最萌乐的古蜀主题乐园，展现人与自然、人与动物和谐相处的古蜀风情，会后独立运营。② 最巴适的川蜀农耕文明体验，是一座活态农耕文明博物馆，以西蜀园林、川西林盘和川蜀商业街体验成都烟火气。③ 最现代的天府门户，以元宇宙技术展现最成都的公园城市发展模式和成果，会后成为四川花卉园艺产业高地、碳汇交易中心。④ 最国际的未来客厅，是世博园的公共核心区与主要展园区，以大湖面、主场馆和世园塔为核心，会后成为代表天府进行国际绿色交往的会客厅。四大分区是支撑"神鸟栖川·阅千年"这个"光球"的四个能量蓄能站，增强其光势能。四个能量站又分别需要多个单体项目的光合作用来输送能量和蓄能，这就是支撑后世园可持续运营的度假产品体系。

不仅如此，如果跳出世园会来看世园会，选址在东部新区的目的是为了推动东部新区的开发建设，我们运用片区综合开发的理念，以世园为中心，规划了一座万亩"世博绿碳城"，集园艺博览与自然共创、生态经营与健康生活共融、产业发展与绿碳创新共赢，产城功能深度混合、融合的公园城市未来社区。通过土地的有限收储与运营，不仅可实现世博园建设投资的动态平衡，还可有效带动四川园林园艺产业乃至碳中和绿色产业的发展。产业的发展又为后世博园的可持续运营提供源源不断的能量供给。

成都世园会不仅是一届园艺交流的展会，以世博园为原点，可引爆带动四个维度的发展（图 2-3-7）。从文化旅游的视角（图 2-3-8），世博园完善了东部新区的文旅体系，是具备可持续运营潜力的主题性公园；从流域视角，世园会带动了整个绛溪河流域的生态、文旅与花卉园艺产业的发展；从城市视角，它是国际交流与市民休闲的城市中央客厅与活力之源；从产业视角，它是四川生态绿碳产业发展的龙头带动（图 2-3-9）。通过多维度的科学规划，城市发展的不同层面都可以为成都世博园这个"光球"提供源源不断的能量，以保持其光势能，成就一届面向未来的、具有"公园城市"特色的、永不落幕的世界园艺盛会。

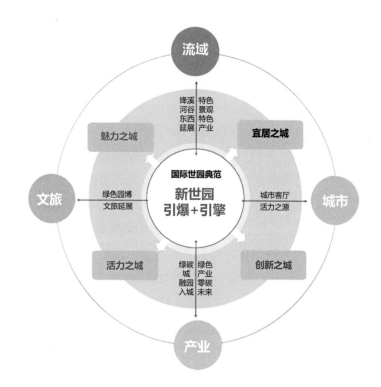

图 2-3-7 四维度
视角定位世园会

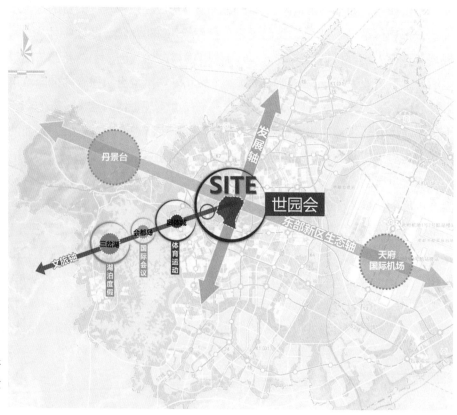

图 2-3-8 东部新
区文旅视角中的世
园会

图 2-3-9　以世博园为核心，不同维度、不同尺度的产业发展示意

运用光势能原理对成都世园会规划进行分析发现，世园会主题具有"光势能"，以太阳神鸟为代表的天府气质是产业与产品的"能量基因"，巴适安逸的度假产品与绿色产业是"蓄能站"。只有统一了"能量基因"，建好了"蓄能站"，成都世园会才真正具有高"光势能"，且会越积越高，越来越亮。

要实现上述规划目标，最终应建成与规划相匹配的高颜值、有内涵、气质佳的高蓄能产品。因此，应特别注意从策划规划到设计施工不同专业阶段的衔接与精作，每一个环节对项目的成败都至关重要。规划确定各功能产品的布局和容量，决定着能量的分布格局；建筑景观等专业设计确定产品空间细节，决定蓄能单元的品位；而工程施工是最后的执行者，决定着最终的效果品质。每一个阶段的工作都不可或缺，也都可能导致项目的不成功。如果不能实现从策划到实施全过程的能量管控，最终的实施效果与运营效益都将存在很大的不确定性。这就是成功的项目总是那么稀少的原因所在。实现有效管控的捷径就是遵从能量流动规律，结合中西医原理（详见第 2.4 节），建立项目全过程管控体系。

2.4　城市中医论

景观师在城市建设中的角色定位一度停留在"城市美化"层面，在建设项目中往往是末端服务被动介入者，如景观师为建筑匹配室外环境，为水利工程配套滨河绿地等。景观设计并没有显示出作为一门新兴的综合性交叉学科的不可替代的独特价值。公园城市是新时代一个系统的城市解决方案，所面临的问题更加系统、综合与复杂，现有的各专业学科分工与能力都需要与公园城市理念相适应。景观专业应充分发挥其包容性特征，创造更大的社会价值，成为公园城市建设项目顶层设计的引领者（或参与者）、多专业配合的统筹协调者，以及生态景观的营造者。可将景观师的这三重角色类比为"城市中医"。

公园城市理念下，为什么需要城市中医？为什么景观师应成为城市中医？如何做好城市中医呢？我们先从城市西医开始谈起。

2.4.1 城市建设之惑

我们国家是一个工程建设大国，号称"基建狂魔"。每年花费巨资建设那么多工程项目，各专业工程师功不可没。专业工程师往往是解决具体工程技术问题的高手，譬如水工解决防洪安全问题，环境工程师解决污染治理问题，桥梁工程师负责架桥修路，建筑师解决居住空间问题。

但事实和经验一再告诉我们：往往一个问题的解决，又伴随着新问题的出现。譬如在河道综合整治工程中，水工专业往往是主导专业，根据 50 年或 100 年的防洪标准和水利工程规范，对河道护岸进行钢筋混凝土化设计。从防洪规范的角度来讲，安全问题解决了；但水利防洪工程对江河、湖泊以及附近地区的自然风貌、生态环境、物种多样性，甚至对小区域气候，都会产生不同程度的影响。[56] 又譬如修建一条高速公路，解决了汽车的快速到达问题，但其延伸之处可能占用村庄农田，毁坏文化遗产，阻断动物迁徙之路。城市高架路的修建缓解了市区汽车通行的压力，却也造成了行人和公共交通的不便；巨大的混凝土结构不但破坏了城市风景线，也产生了消极负面的桥下空间，同时也让沿线居民深受噪声和尾气之扰。

那么，为什么一个工程问题的解决，同时又会带来新的负面影响呢？

城市如人体，城市发展过程中遇到了问题或瓶颈就需要"医治"，如交通堵了，建高架；遇到河流，修桥梁；房子不够，筑高楼。通过新建工程来解决城市问题，正如西医治病——"头痛医头，脚痛医脚"，并不是从城市宏观全局层面提前规划系统解决方案。这就与打针、吃药治病类似，"是药三分毒"，吃胃药治好了胃病，却引起了肝功能损坏；化疗治癌症，导致头发牙齿掉光，内脏功能衰竭。

随着科学技术的发展，各工程专业越来越细分，解决单专业问题的能力也越来越强，但其负面影响就是"眼科专家不会看感冒"，"由感冒引起的眼疾，得挂两个号，结果谁都不对疗效负责"。城市建设中的交通、建筑、水工、土木、环保等专业工程师类似于综合医院里的"专科专家"，某个科室只能医治某个器官的某类疾病，而无法医治其他问题，甚至无法避免"毒副作用"的产生。"我们恰恰是用工程的方法简单地解决了城市发展问题，依赖我们的机械和工程解决洪水，并与自然过程为敌，所以导致了灾难。"[57]

工程建设专业与专业之间、单体项目与区域生态之间的割裂，工程师对环境体验、文化审美的专业缺失，是造成目前的城市建设在生态可持续、文化特色认同、精神信仰寄托等方面缺憾的重要原因。如何让冷冰冰的工程项目变得有温度、有活力、有情感，与土地环境融为一体，真正实现"工程让城市更美好"呢？可不可以用中医的整体思维系统地解决工程建设中的负面问题呢？

2.4.2　寻找"城市中医"

2.4.2.1　中西医对比

下面我们从中西医的对比来探索问题的答案。

（1）西医是自然实验科学，而中医是系统经验科学

中医以阴阳五行作为理论基础，将人体看成气、形、神的统一体，通过望、闻、问、切四诊合参的方法，使用中药、针灸、推拿、按摩、拔罐、气功、食疗等多种治疗手段，使人体达到阴阳调和而康复。西医是实验室医学，西医的诊断更多的是借助先进的医疗仪器设备和实验作出对疾病准确的诊断；西医的治疗方法主要有西药治疗、手术治疗、激光治疗和化疗等。工程师主要是通过数学模型或公式计算工程项目的实施方案，或者通过检测仪器或实验数据解决一些技术问题。

（2）西医治病，而中医医人

中医治疗的对象是有病的人，目标是把人治好了；西医治疗的对象是人的病，目标是把病治没了。工程师是解决城市肌体中的具体"疾病"，医治"交通拥堵之病"就要修路架桥，医治"洪涝灾害"就要修渠筑坝，医治"河道污染之病"就要修污水设施，等等。那么，交通拥堵可不可以通过公共交通和自行车解决呢？洪涝灾害可不可以通过生态调蓄解决呢？河水污染可不可以通过减少排放和修复自然生态系统净化呢？

（3）西医强调标准化，而中医强调差异性

中医强调个体的独特性，同一种疾病在不同的年龄阶段、不同的地区、不同的季节处理方法会有所不同，不同的病人即使所患疾病症状大致相同，但由于个体身体状况不同，需采用不同的治疗措施，使用不同的药方。西医强调治疗方案的标准化，不同的人种、不同的地区、不同的季节、不同的年龄，相同疾病的治疗方法和用药基本相同。

工程师根据地质勘查报告、水文资料等测量数据就可以开出"药方"，其结构形式、用材用料都大同小异（由砂石、钢筋、混凝土等构成）。而几乎每一个景观项目的基地状况都不一样，每一寸土地都需要重新设计，无法标准化。

（4）西医简单直接，而中医强调整体性

中医把人体看成一个不可分割的整体，器官、组织之间一荣俱荣，一损俱损。主要通过调理身体增强身体的抵抗力，以达到祛除病痛的目的。中医的整体观还体现在人与自然、社会之间的整体和谐，人体得了病还可以从自然、社会层面来调和。西医侧重的是疾病本身，有病就要吃药、打针治疗。

工程师是治疗城市肌体"疾病"的高手，解决办法就是建造各种工程结构。而残酷的现实告诉我们：道路越修越宽，但也越来越堵；排水管道越来越粗，但"城市看海"越来越频繁；河道治理花费巨资，但河水依然黑臭……既然工程方法不能很好地解决"城市肌体之疾"，能不能用"中医疗法"呢？谁又是那个"城市中医"呢？

2.4.2.2 中医与景观师类比

景观专业相较于交通、建筑、水工、土木、环保等相关工程专业而言，没有很明确的国家规范的刚性约束，也没有各种各样的精密设备和计算数据作为支撑，其评价标准也很难数据量化；相较于工程学的"科学性"，景观更偏重于社科、人文、美学领域，是偏"软"的学科。因此，景观专业在建设行业的地位与中医在医学领域的地位非常相似，景观师就像"赤脚郎中""江湖术士"，不登大雅之堂，只需配合西医（工程师）的治疗方案调理一下脾胃，保护一下肝脏（调理的方法就是种树），大病根本不指望你。

而从景观师产生的背景来看，其价值远远不止于配角。"美国的景观设计师职业产生的背景是100多年前的美国城市化。欧洲的国际景观设计师联盟也是在第二次世界大战后欧洲参战方的城市遭受毁灭性的破坏而需要恢复和重建的背景下产生的。它是要解决人民生存环境的问题、城市重建的问题，解决城市复兴的问题，这个就是现代景观设计职业产生的背景"。[55] 其实，景观设计是一门关于土地环境和谐的综合性学科，涉及从宏观到微观，从规划策略到工程实施，从视觉审美到问题解决的不同层面。根据工作范畴的不同，又可分为大景观（景观规划）、中景观（专业统筹）和微景观（设计营造）。

由此，笔者想起了扁鹊论三兄弟医术的故事。一次，魏文王问扁鹊说："你们家兄弟三人，都精于医术，到底哪一位最好呢？"扁鹊答："长兄最好，中兄次之，我最差。"文王又问："那么为什么你最出名呢？"扁鹊答："长兄治病，是治病于病情发作之前，由于一般人不知道他事先能铲除病因，所以他的名气无法传出去；中兄治病，是治病于病情初起时，一般人以为他只能治轻微的小病，所以他的名气只及本乡里；而我是治病于病情严重之时，一般人都看到我在经脉上穿针管放血，在皮肤上敷药等大手术，所以以为我的医术高明，名气因此响遍全国。"

扁鹊三兄弟的故事跟当今景观师的处境非常类似。高水平的景观规划师从国土空间生态基础设施的角度切入城市规划，从宏观策略层面协调城市肌体的生态和谐，很多生态矛盾被解决于无形，因此很难显出其"高明"，也很难获得名气。在综合性城市建设项目中，高水平景观师可以将景观专业在生态人文领域的优势与专项工程技术进行结合，提出创新的工程解决思路，将工程设施溶解于城市整体环境，景观师的价值在小范围内被认可，也很难获得较大名气。大多数景观师在微观层面工作，为一栋办公建筑、一个居住小区、一条道路、一条河道的周边空地进行园林造景，可以有更多机会做出有空间特色、有符号标签的项目，因此相对容易获得名气。但相较于更具艺术家思维、通过作品的空间形态来表达自我的建筑师，景观师成名的机会要少得多；相较于西医名医，当今的中医名医要少得多，情形类似。

无论当今的中医地位如何，中医的博大精深都无可否认，中医的复兴也将是必然，但需要时间和机遇。无论社会对景观师的价值认知和认可程度有多大，在公园城市建设实践中，景观师都将在城市建设的宏观、中观和微观层面发挥更大价值，同样需要机遇。

2.4.3　"城市中医"的三重价值

2.4.3.1　大景观——治未病

城市是在国土自然环境上建设发展起来的，工程建设是人工环境，是人侵者，势必会影响和破坏土地上原有的生命与生态资源、生产资源、山水格局、文化遗产、城市安全等基础层面的问题。因此，在建设之前做好基础资源的梳理和保护，在生态基础设施的基础上建设灰色基础设施和相关建设工程是比较理想的建设思路。这类似于"上医治未病"的整体预防和调理疏通的思路，是大景观范畴。

大景观即指景观规划，解决的是较大范围内土地场所的综合性问题，涉及城市／区域发展策略、产业功能与文化主题定位、山水框架格局、雨洪调蓄、生态系统保护与构建、文化遗产保护与发展、城乡资源衔接与互动、河流湖泊廊道、绿地系统、建筑景观风貌、生态修复等诸多方面，而不是仅限于某个层面（如视觉审美意义上的风景问题，或工程意义上的园林装饰问题）。简而言之，大景观的核心是尊重自然，保护自然，并合理利用自然，我们几千年来形成的"天人合一"的哲学思想应是大景观的指导思想。但快速工业化和城镇化如洪水猛兽般冲垮了数千年形成的传统城镇建设体系，我们迷失在了西方现代主义的实用"空间论"和钢筋混凝土丛林之中，西方也经历过同样的痛苦与困惑。20世纪60年代以后，以麦克哈格为代表的景观生态学家，在实践中重新建立起一套尊重自然的区域规划与城市设计方法体系，《设计结合自然》一书就是大景观理念的代表作。今天，设计结合自然，已经成为城市建设领域的共识。"公园城市"就是大景观理念的完善与升华，是从"空间论"到"生态论"的系统解决方案。

近年在成都北城的公园城市实践中（详见第3章），首先对北城的城市形象进行总体定位，提出系统复兴山水城区的目标（详见第3.2节），并规划出大小"翡翠项链"两条公园环（详见第3.2.3.2节），以及对小北区的生态系统和景观风貌进行总体规划控制（详见第3.3.3节），将九里片区的公园绿地进行整合连通（详见第3.3.1.5节），都是大景观理念的具体体现。

十几年前，笔者主持的千岛湖总体景观风貌控制概念规划，以"一城山色半城湖，游笔波墨千岛中"为总纲，从山水格局、绿地系统、文脉保护、开敞空间、风格色彩、道路门户、建筑体量、城市夜景八个方面系统构建了淳安县及千岛湖的景观风貌，然后再进行风貌分区和风貌要素控制，有效指导和控制住新项目的开发建设，保护了千岛湖和淳安县如水墨画般的风貌特色。

曹妃甸国际生态城是一座在渤海湾滩涂上规划兴建的新城。早在2008年，起步区12km²的总体规划尚未确定之前，新城管委会就开始委托笔者进行生态基础设施规划，以现在的眼光来看，就是按照"公园城市"理念进行大景观的系统规划。规划在充分尊重现有河道湖面肌理的基础上，梳理各类公共开放空间：点状空间（广场、公园）、线状空间（绿色走廊、蓝色水道）、面体空间（内湖水体、绿龙体）；形成了"一湖九川、四岛三带、多主题片区"的生态格局，形成了网状的蓝绿生态廊道、畅达的慢行系统和多样的室外休闲空间；并将桥、岛、船、风、光等特色人文融入城市之中，形成"绿柳拂白帆、湖巷游妃城"的北方水城独特风貌（图 2-4-1～图 2-4-3）。

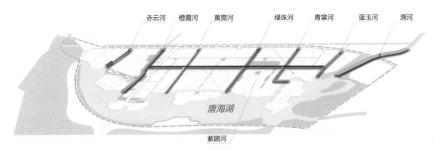

图 2-4-1　曹妃甸国际生态城起步区生态基础设施系统

图 2-4-2　曹妃甸生态城望角岸线景观

图 2-4-3　曹妃甸生态城内河橙霞河通航河道生态廊道
图片来源：英国 DOW 景观规划设计事务所，以下简称 DOW

上述三个实践案例横跨 10 余年时间，以今天的眼光审视这些项目实践的成果，可以比较清晰地看到大景观系统思维的价值。"做局部之前，先定位整体；做片区之前，先定位城区"，在城市开发和工程建设之前，进行系统的大景观规划就像治未病一样，打通城市的任督二脉，一通百通。大景观思维绝非一日而成，需要大量的项目实践历练，勤于对比思考研究，日日精进，才可能真正有所体会和领悟。这一过程如习武，如修佛，日日修，时时悟，上层楼，无止境。

2.4.3.2　中景观——溶解工程

艺术家是表达自我的，张扬个性，建筑师的思维特点偏艺术家；而景观师的思维特点是和谐，将人、土地、城市、文脉视为一个整体，希望将人造工程消隐在土地和自然之间。道路、桥梁、水工等大体量工程项目，在景观师、建筑师、艺术家缺位的情况下，往往呈现为钢筋混凝土体，缺少人文、生态、美学方面的温度与柔度，如果将景观师在生态人文领域的优势与人造工程项目进行结合，是可以提出创新解决方案的。

以锦江九里公园（详见第 3.3.1 节）为例，宽阔的城市快速路、主干道和高架路将锦江两岸的绿地割裂成孤岛，人行动线不畅，视觉感受不佳。景观师将整个片区绿地看成是一个整体，通过人行景观桥与地形的营造，实现慢行的无缝连接。跨越北三环规划一座地景桥，跨中环路修一座 U 形景观桥，从九里堤北路下穿，将新建建筑覆土化、景观化，真正消隐钢筋混凝土体，创造一个让市民轻松漫游于城市山水之间的大公园（图 2-4-4）。悠竹山谷（详见第 3.3.4 节）和丝路云锦项目（详见第 3.3.5 节）的创作理念也是如此，将建筑、桥梁以景观构筑的形式穿插于绿色之间，通过多样化场景的营造溶解其单一的通行功能。

又如 10 余年前，在曹妃甸橙霞河护岸工程和景观工程设计中，景观师与航道设计院联合设计，将钢筋混凝土垂直护岸改为抛石护岸，并在抛石后方预留 5m 宽的生态水槽；既满足了防洪与通航要求，又为城市预留了一个连续的生态廊道，而且大大降低了工程造价（图 2-4-5）。

在上述九里公园连通桥以及橙霞河类似工程中，多数情况下工程设计专业是主体，景观是配套专业，景观师没有话语权，往往只局限于在护岸之外做做亲水平台、修修慢行步道和种种树木。如果景观师在城市灰色基础设施工程建设之前就介入方案设计，完全具备将钢筋混凝土工程溶解于山水环境、土地场所、历史记忆与文化体验之中的可能性，应该多多创造这种机遇。

图 2-4-4　锦江九里公园"溶解"工程分析

图 2-4-5　橙霞河"溶解"护岸设计与建成效果

2.4.3.3 微景观——设计营造

目前，专业景观师的主要工作是微观层面的设计营造，成都北城的临水雅苑、亲水园等公园的设计营造（详见第 3.4 节）都是微观层面的工作，与我们的日常生活息息相关。生活在城市里的人们，活动空间无非是室内或者室外，人们从室内走出室外，就是走进了景观师的工作范围。清晨，我们早起到公园锻炼，早饭后从家里走出小区去上班，路过街道、广场，甚至是河边绿地，到达办公区，进入办公室开始一天的工作。路上的风景、环境的品质，影响着我们的心情，是我们生活的一部分，也代表着一座城市社会发展、文明进步的程度。

根据设计对象的不同，景观可分为市政景观（公园、街道、滨水区等）、地产景观（高层居住区、别墅区等）、商业景观（办公、酒店、商业综合体等）。不管是哪种类型的景观，都是人们的诉求与愿望在大地上的投影，反映着这个区域、这个项目的品质、商业价值以及吸引力。因此，无论是新城新区的开发，还是特色小镇，或者是一个居住区的建设，不管是开发商还是政府领导，都已认识到景观投资的溢价价值，普遍采取环境景观先行的开发思路。这一认知更多是土地房产升值、促进招商引资等现实利益的驱使，客观上也促进了生态环境的改善。从景观行业的发展历程来看，商业价值是推动景观事业发展的重要推动力，由此也可以佐证对公园城市的价值理解：公园城市理念下，建公园并不是目的，目的是为了发展，建公园是提升城市吸引力，促进"人—城—产"可持续发展的重要手段。在公园城市理念下，遵循价值与利益驱动规律，以产业或商业价值的实现来推动综合社会价值的可持续实现，则事半功倍。

值得注意的是，在公共空间的景观设计中，除了美学、生态、空间、绿化、铺装、构筑、小品等常规设计外，还应特别关注真实的民生需求，如公共厕所、座椅座凳、遮阳设施、残疾人设施、导视标牌等，综合运用人机工学原理、环境心理学以及美学原理进行人性化设计。

2.4.4 "中西医结合"实践

通过以上研究发现，未来合理的公园城市建设之路需要景观师从以下三个层面全程参与（从云端到地面）：

（1）**大景观引领**。不管是单个建设项目，还是综合性的区域开发，都需要景观师从前端、从顶层设计开始介入，通过从区域生态、文化遗产、风貌特色等方面入手编制专项景观规划，描绘出生态发展目标和宜居蓝图，并对城市开发和单个工程项目建设制定控制导则。

（2）**中景观协同**。在工程建设实施阶段，道路、桥梁、防洪、建筑等分项工程分别交由各专业工程师负责实施，但工程实施方案需由景观师参与共同设计（至少应参与评审），对工程项目从生态、美学、宜居、文脉等方面进行创意和跟踪评估，甚至可能提出超越专业局限的创新解决方案，将土木工程"溶解"。这就是"中西医结合"的协同创新之路。

（3）**微景观营造**。最后，景观师发挥自身在人文、美学、生态等方面的专业优势，通过微观的造园造景手法弥补工程建设对环境的破坏性影响，为每一片室外土地营造生态和谐的环境空间，从而达成一个人类与土地、城市与自然的和谐共同体。

近年来，笔者参与多个片区综合开发型项目，景观师团队全程参与了上述三个阶段的设计工作，皆收到了很好的效果，其中就包括成都北城的公园城市实践（详见第 3 章）、唐山湾国际旅游岛、曹妃甸国际生态城等项目实践。下文以唐山湾国际旅游岛陆域核心区滨海岸线项目（以下简称唐山湾滨海岸线项目）的打造过程，解析从云端到地面的中西医结合之路。

2.4.4.1　案例背景解读

（1）**基地区位**

唐山湾国际旅游岛位于河北省唐山市东南部滨海处，西临曹妃甸国际生态城，东接京唐港区，北接滨海大道，南至渤海。陆域核心区滨海岸线指大清河河口至小河子河河口段，岸线长约 21.6km（图 2-4-6）。

（2）**上位规划**

在《唐山湾三岛旅游区总体规划（2008—2020 年）》中（图 2-4-7），提出了要"立足京津冀，面向东北亚，紧紧围绕休闲旅游主题，实施推动大旅游发展战略，逐步把三岛旅游区建设成为彰显和带动唐山市科学发展的窗口，京津冀地区首选休闲度假目的地之一，东北亚的国际海岛休闲度假中心"。陆域核心区控制性详细规划将岸线及岸上公共空间定位为滨海景观休闲带，主要承担商务会展、滨海度假、渔民风情、休闲娱乐、餐饮购物等整个旅游区的综合服务职能。

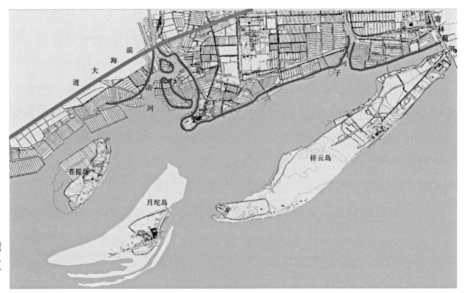

图 2-4-6 唐山湾
国际旅游岛核心区
岸线现状

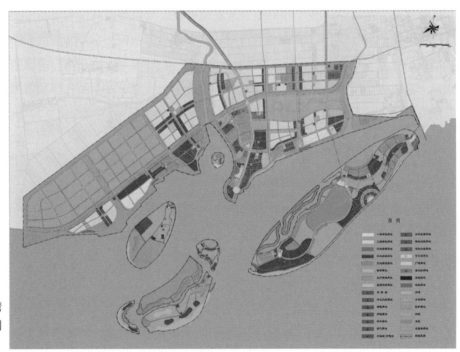

图 2-4-7 唐山湾
国际旅游岛土地利
用规划

（3）基地条件

现状基地条件基本为盐碱地和鱼塘，局部在海域滩地上；驳岸硬化趋势
比较严重，沙滩黏土化程度高；整个旅游区的设施及层次属于中低端；无序
开发，生态环境品质下降，基地生物多样性下降；每年风暴潮时海水倒灌，
淡水水系退化；内陆过度养殖导致生态植被退化，土壤盐碱化程度高。

（4）自然条件

基地历年平均气温 10.2℃，极端最高气温 37.9℃，极端最低气温 −23.7℃；历年平均降水量 616.8mm，降水多集中在 7 月和 8 月，其降水量占全年降水总量的 60%；参考京唐港实测波浪资料统计，常波向 SE 向，次常波向 ESE 向，强波向 ENE 向，次强波向 NE 向；根据南京水利科学研究院进行的潮流泥沙模型试验结果，并结合多年的历史数据，计算出陆域核心区的潮位变化值（表 2-1），这是进行防潮堤岸设计的重要依据。

唐山湾陆域核心区的潮位变化（单位：m）　　　　　表 2-1

水位	京唐港	本工程（计算值）	曹妃甸
设计高水位	0.83	0.86	1.31
设计低水位	−0.92	−0.919	−1.44
极端高水位	2.42	2.431	2.60
极端低水位	−2.79	−2.719	−2.46

2.4.4.2　实施路径解析

（1）旧路径及其弊端

总体规划蓝图已经确立，海防堤岸是不是就可以修建了呢？在滨海岸线这类工程项目的实施中，往往在总体规划确立之后，政府相关部门会委托水利水工单位进行驳岸工程设计，水工工程师根据防洪标高和风暴潮浪高设定堤岸顶标高，然后计算出一个工程断面，沿着规划边界进行砌筑（由此造就了大量的海滨、湖滨的生硬岸线）。在驳岸确立之后，再委托景观设计单位进行岸上景观的设计，此时的景观是后置性需求，是配套。

从宏观的总体规划直接落到微观的工程实施，弊端是显而易见的，其间还缺少大量的中间层次的细化分解工作，比如堤岸与陆域设施之间的关系协调，不同区段岸线的功能目标、布局结构、驳岸形式等。此时，笔者联想到了三国时代的蜀国。宏观上，诸葛亮可以洞察天下大势，"运筹帷幄之中"；中观上，"五虎上将"带领士兵们分解贯彻"锦囊妙计"；微观战场上，骑兵、弓箭手、步兵、水兵等各兵种士兵们勇敢杀敌，工兵、运粮兵协力配合。由于在宏观、中观、微观三个层面的实力和努力，蜀汉在前期的战斗中能屡屡获胜，三分天下有其一。但到了后期，随着关羽、张飞等猛将的离世，"蜀中无大将，廖化作先锋"，纵然诸葛亮健在，即使有好的谋略和好的士兵，也打不了胜仗。虽然例子不一定恰当，但说明了中间层在领悟贯彻宏观蓝图，将目标任务层层分解的重要性。

（2）新路径转型

在唐山湾滨海岸线设计中，景观师依据总体规划，延续城市发展目标，运用大系统思维（详见第 2.2 节）将海、岸、林进行一体化规划，引领滨海岸线工程设计。具体工作实施步骤分解如下：

① 唐山湾滨海岸线区域景观规划设计；

② 一期岸线景观概念方案设计；

③ 水工护岸结构选型方案；

④ 景观师与水工工程师协作优化；

⑤ 水工驳岸施工图设计；

⑥ 景观深化设计（含施工图）。

上述工作步骤中，步骤①属于大景观引领范畴，步骤②～④属于中景观协同范畴，步骤⑥属于微景观营造范畴，依先后顺序依次推进。特别是景观师与水工工程师交叉协作，既考验技术能力，也考验景观师的引领协同能力。

2.4.4.3　大景观引领

从宏观的城市总体规划到微观的工程实施是一个逻辑推理、逐步细化的过程。景观规划作为衔接城市总体规划的第一步，也是一个从宏观到微观逐步推演的过程：首先明确岸线建设目标，然后明确主题定位和功能结构，再根据功能结构进行岸线分类，最后才对每段岸线进行细化设计。

（1）明确岸线建设目标

此段岸线是唐山湾陆域腹地与三岛之间最重要、最具活力的公共活动界面。景观规划从滨水景观空间的有序梳理、休闲游憩体系的构建、滨水景观品质的提升三方面对唐山湾陆域滨水带进行规划设计。景观师与业主方、规划师、水工工程师共同制定出本次岸线的建设目标：

具有唐乐（lào，乐亭县）特色的海滨走廊，兼具休闲游憩、滨海度假功能；成为展现唐山湾休闲度假魅力的窗口。

（2）设计主题与景观结构

本次岸线的设计概念为"一岸拥三岛，凤舞起灵龟"，以捞鱼尖为核心，岸线形成一体两翼的格局，西翼为观光岸线，东翼主要为度假岸线；宛如灵珠公主与凤凰在灵龟背上起舞而甩出的两条彩带，寓意蓬勃生机之祥瑞。

根据功能定位，并结合岸线后方的用地性质规划，将陆域核心区滨水带细分为"两河一尖、两港三带"共 8 个分区（图 2-4-8）。

"两河"为大清河河口区与小河子河河口区；"两港"为公共游艇港区与私人游艇港区；"一尖"为捞鱼尖观光区，有商务观光与海洋动物园观光两种功能；"三带"为渔人码头区、金沙滩区与度假健身区。

（3）岸线分区分类

依据总体规划的功能分区，将滨海岸线分为四大功能类型：观光岸线、度假岸线、文化岸线与自然岸线。捞鱼尖及西侧岸线以观光岸线为主，捞鱼尖东侧主要为度假岸线，渔人码头区为文化岸线，大清河与小河子河河口为自然岸线。对每种岸线从区域范围、模式定位、主要模式引导和范例意向四个方面分别展开论述。驳岸形式分为硬质驳岸和软质驳岸两大类，硬质驳岸包括垂直式和退台式两种，软质驳岸包括自然缓坡式、沙滩式、抛石式和木平台驳岸 4 种。将景观结构中的 8 个景观分区与 6 种驳岸类型分别一一对应。

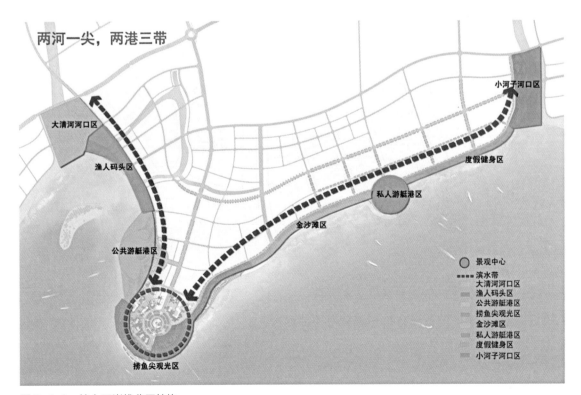

图 2-4-8　核心区岸线分区结构

（4）岸线分区设计

① 大清河滨水带及河口段。大清河为淡水河，驳岸宜采用生态软质驳岸，设计水生植物种植区，改善区域的水生态环境。岸上堆坡造地形，增加区域的环境绿量。河口是咸淡水交汇的地方，能直观地欣赏内河景观和海洋景观的差异。因此，在河口处设计较大尺度的硬质驳岸和广场，供游客观光游览和驻留休闲。驳岸以硬质退台与抛石结合。

② 渔人码头区。渔人码头区岸线靠近渔民安置区和渔村文化展示区，岸线公共空间是体验渔村文化、鱼文化休闲及海鲜餐饮的场所。设计岸线较宽，采用退台与木甲板结合的驳岸形式。岸上景观小品有抽象鱼鳞铺装、鱼铜雕、渔民文化墙等设计语言。适当配套餐饮酒吧和商业设施。

③ 公共游艇港区。客运游艇港区的布局为流线大弧形设计，设计灵感来源于贝类的造型，外围防浪堤为贝壳，内码头和贝壳形服务建筑为壳内的珍珠。游艇泊位以码头为核心呈对称布局。游艇进出港区和登陆码头的动线有趣而合理。码头后方为大弧形的树阵广场，合理安排游客进出的流线。同时，为保证景观效果，防浪堤采用抛石堤，码头采用退台和木平台结合的方式，柔化驳岸（图2-4-9）。

图2-4-9 公共游艇码头设计效果图
图片来源：DOW

④ 捞鱼尖观光区位于半岛核心区的顶端，视线开阔，周边地块以商业酒店及文化娱乐用地为主。此段人流量大，设计有大广场和大草坪，疏散人流。驳岸以硬质垂直和退台驳岸为主。局部设计小空间，布置室外咖啡阳伞。海洋动物园位于捞鱼尖的东侧，设计海洋馆，饲养海豚、海豹、海狮等

海洋动物，形成一个名副其实的"捞鱼尖"。岸线以大弧形的观景木栈道为主，外可观三岛海洋景观，内可观海狮、海豹表演。

⑤ 沙滩区的左侧为商务文化娱乐用地，右侧为旅游度假居住用地。因此，沙滩区作为海滨最受欢迎的一种人群聚集岸线，可满足不同人群的使用。沙滩的腹地是遮阳的树林。沙滩与树林中间为休憩广场和景观步道。

⑥ 私人游艇港区靠近海滨特色度假区，采用圆弧形布局。外侧防浪堤采用抛石堤，抛石堤上设计 30m 宽的绿化带。内侧码头采用退台和木平台结合的方式，柔化驳岸。

⑦ 度假健身区位于私人游艇港区东侧，设计为半私密空间的海滨度假健身区，供高端度假人群使用。一段岸线为私人性质的沙滩和一段退台式驳岸，供漫步和跑步。岸线腹地为景观防护林带。

⑧ 小河子河为淡水河，驳岸宜采用生态软质驳岸，改善区域的水生态环境，在有条件的区段可设计水生植物种植区。在入海口处采用抛石护岸挡浪，岸上堆坡造地形，增加区域的环境绿量。

在唐山湾陆域核心区超过 20km 长的滨海岸线中，充分融合蓝与绿、现代生态与历史文化、观光游憩与休闲度假，它将有力地提升唐山湾国际旅游岛的吸引力、承载力与生命力，推动唐山湾成为东北亚最受欢迎的国际海岛旅游度假胜地！

2.4.4.4　中景观协同

超过 20km 的滨海岸线不可能一步成型，在宏观的大景观规划引领下，结合城市建设分期、土地拆迁进度等工作计划，将陆域核心区岸线分为 5 个期段，有条不紊地分期实施。本节以一期景观为例（图 2-4-10），对景观规划所确定的功能和岸线形式进行细化，这个过程是景观师与水工工程师紧密协同、交叉配合的过程。

（1）一期景观概念方案

一期景观是指公共游艇码头北侧至捞鱼尖未来广场西侧（不包含公共游艇码头）。本段岸线设计遵照"海、岸、林"三位协同发展的模式：海中游玩、岸上观光、林中休憩。海岸与滨海大道之间设计生态保育防护林带，改善区域的生态环境，又为后方陆域的发展提供空间。蓝绿海岸为基底的生态型休闲岸线，点缀多种尺度、多样功能的活动空间。

图 2-4-10　核心区岸线一期景观总平面

整体景观结构可概括为："一岸一林，三线五点"。"一岸"为滨海观光岸线；"一林"为滨海大道与海岸线之间的生态休闲林带；"三线"为海岸步行流线、生态林中的自行车流线和塑胶慢跑线，倡导低碳健康生活；"五点"为 5 个道路交叉口的节点广场，依次为松涛浴月广场、渔人拾贝广场、海韵喷泉广场、禅海菩提广场和扬帆旭日广场。

（2）优化护岸标高

设计过程中的难点是确定护岸顶标高。前述极端高水位为 2.47m，根据河海大学"唐山湾国际旅游岛海岸工程波浪数学模型试验计算报告"所计算的结构顶标高如表 2-2 所示。

不同驳岸形式的结构顶标高数据　　　　　　　　　　表 2-2

结构形式	强风向／风速（50 年一遇）	平均波高（50 年一遇）	结构顶标高
斜坡式	SW 20.5	1.84	4.6
直立式	SE 23.3	0.4	5.0
沙滩式	SE 23.3	0.53	4.2
滩头（斜坡式）	SW 20.5	0.68	5.2

资料来源：项目合作单位中交上海航道勘察设计研究院有限公司，以下简称中交上航院。

水工工程师推算 100 年一遇的标高，是在 50 年一遇计算结果的基础上统一增加 20cm 进行汇总。考虑到风暴潮的影响，在景观规划的定位中，一期岸线多采用直立式护岸，但从高水位（0.86m）到护岸结构顶标高 5.2m 之间的高差有 4.34m，直立护岸不仅亲水性会比较差，而且基础大，造价很高。

为此，景观团队提出以极端高水位确定水工护岸顶标高，以景观挡墙抵抗风暴潮波浪的设计策略。即护岸分解为三级，一级为水工结构护岸（结构顶标高 2.5m 左右，局部潮位会有差异），二级为景观挡墙（完成面标高 5.2m 左右），再将景观堆坡微地形作为第三级（5.4m 以上）（图 2-4-11），阻挡可能增大的风浪。水工工程师经过结构计算和波浪数学模型试验，认为这一提议完全可行。这样就将 5.2m 高的垂直护岸分解在三级景观层次之中，可大大减小护岸的基础结构，节省投资。作为旅游度假区护岸，两层平台景观层次更加丰富，一层平台更亲海，二层平台视野更好。

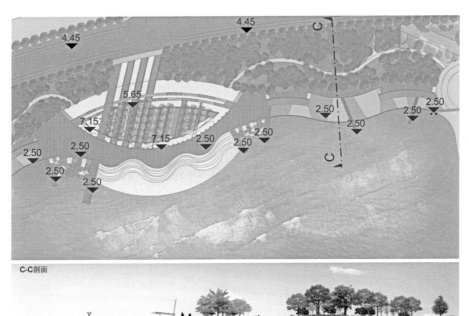

图 2-4-11　核心区岸线一期渔人拾贝段标高示意

（3）护岸线形景观化

景观师根据游客审美心理的需要，并依据波浪的起伏动态将岸线设计成优美的弧线，富有动感的韵律。唐山湾作为未来的国际旅游度假岛，应当改变过去由工程师主导的生硬的直线或一段段折线形护岸，而改为富有情趣和动感的优美曲线（图 2-4-12，图 2-4-13）。

（4）水工护岸结构选型

水工工程师根据景观方案所确定的驳岸线形进行结构断面选型，基本确定为 A 型退台式亲水护岸，B 型直立式护岸和 C 型滩涂式生态护岸。在南侧捞鱼尖等风大浪高的区域，工程师对 B 型直立式护岸改进为 D 型内凹弧形直立护岸，可以有效削浪。关于水工的护岸选型本书不做赘述。

（5）优化护岸线形

水工工程师确定了护岸结构选型之后，需要根据地质、波浪、实施难易度和经济性等因素对护岸平面线形进行工程评估和优化。如有的区段岸线弧度太大，不利于工程实施或经济性不好，则需要反馈给景观设计师进行优化。双方设计师会针对局部岸线的弧度、效果进行反复交流，逐步优化。这一过程是一个互动协作、相互学习、相互促进的过程。景观师更多从功能、美学、生态、文化等主观意识入手，而水工工程师更多从实施难易度、技术参数、材料工艺等技术标准入手，两方面达成有机结合。

岸线平面线形优化确定之后，水工工程师会划定一条护岸前沿线，标明详细坐标和堤岸顶标高，作为两个专业分别进行施工图设计的分界依据（图 2-4-14）。

图 2-4-12 核心区岸线一期松涛浴月段岸线效果图

图 2-4-13 核心区岸线一期"海—岸—林"三位一体布局效果图

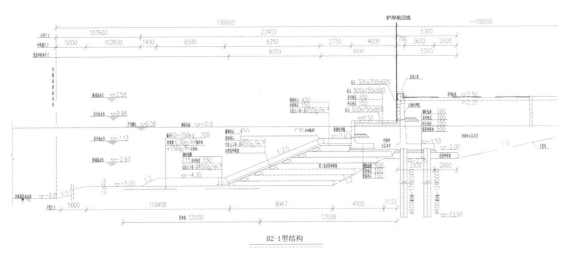

图 2-4-14　水工施工图剖断面，设定护岸前沿线
资料来源：中交上航院

至此，双方的工作交叉减少，可以进行独立的工程设计和工程施工。

（6）实施效果总结

在唐山湾国际旅游岛从宏观的城市总体规划到微观的岸线工程实施过程中，景观师的作用体现得淋漓尽致。景观师与水工工程师相互信任，精诚合作，有效达成了建设旅游度假海滨走廊的整体目标。这一"中西医结合"合作模式的优势具体体现在三个方面：

① 营造了多样化的岸线空间

避免了单一法定工程岸线，形成退台、斜坡、木栈道、亲水平台与浅滩自然衔接的旅游岸线，为海洋生物、微生物的栖息提供场所。

② 工程技术优化，节省造价

在不违背防洪防潮安全防护基础上，护岸构造工程与休闲、游憩、生态结合，采用柔性自然工法，降低造价成本，形成较佳的景观效果（图 2-4-15）。

③ 海—岸—林整体协调发展

通过景观规划设计的引领，景观师与水工工程师协同设计，在创造了丰富多变的滨水空间的同时，形成自然浅滩、丘坡林带等自然景观，改善了区域整体生态环境，提升了土地价值和区域开发价值。期望在类似唐山湾这种区域型的项目开发中，相关政府部门能够充分认识到景观师在将宏观规划落地实施过程中所能发挥的衔接与深化分解优势，以达成预期目标，产生良好的社会效应与经济效益。

图2-4-15 唐山湾
滨海岸线建成后的
现场照片

2.4.5 呼吁与建议

目前，景观界多"扁鹊"而少"大哥和二哥"，绝大多数景观师的职业
能力和工作范畴只局限于微观层面的园林营造。而要能有效避免或减轻"城
市肌体之疾"，真正实现"城市让生活更美好"的愿景，更需要景观师能够
参与大景观顶层设计和中景观的统筹协同工作。景观师能否承担起这一社会
责任，真正成为"城市中医"，不仅需要景观师不断提高自身的专业能力；
还取决于整个景观专业的行业地位，取决于景观教育、政府机构和社会大众
在观念认知上的共识。这就首先需要从事景观事业的广大同仁充分认识到自
身的价值、使命，久久为功，不断提升专业能力，提高专业地位，扩大专业
话语权。扩大专业话语权的有效途径就是从末端微景观走向前端大景观，参
与公园城市的顶层设计，让社会各界认识到景观专业的前端价值，引导相关
"权势力量"从宏观、中观、微观三个维度赋予景观师以职责地位，为公园
城市发展带来更加长远和更加持久的经济效益和社会效应。

要实现这一目标，亟需景观业内建立一套权威的、面向社会公开的景观
业标准体系，包括创建一个权威的景观师服务能力清单，与服务能力清单相

对应的技术标准与规范，以及收费标准体系。

　　社会各界也应充分认识到当下城市建设中的种种弊端，解决这些弊端问题的一个重要出路就是用好景观师的专长，走出一条具有中国特色的"中西医结合"的公园城市建设之路！

2.5　景观进化论

2.5.1　机遇与挑战

　　在快速城镇化发展阶段，城市规划专业普遍受到各级政府的重视，在人居环境建设行业内具有专业话语权，起着建设引领的作用，这是因为城市规划师是城市发展顶层设计的制定者（至少也是参与者）和城市发展蓝图的描绘者。而同样具有丰富的知识面与复合专业能力的景观规划师，却一直处于被动服务的边缘地位，景观师也很少有机会展现自身的复合能力，以致景观师们自身参与大景观顶层设计的能力也退化了。

　　近年来，随着中央领导人"两山论"的提出，生态文明时代正式来临。同时，随着国内大城市传统工业的衰败和后工业时代的来临，探索后工业文明的新型发展模式，协调产业发展与城市的可持续发展变得越来越迫切。"公园城市"正是生态文明和后工业城市文明双重背景下的产物。正如工业化和快速城镇化阶段一样，新时代"公园城市"发展模式同样需要顶层设计，目前还没有哪个传统学科专业完全符合成为其顶层设计的制定者，这是摆在景观规划专业面前的大机遇，同时也是大挑战。

　　所谓大机遇是因为"公园城市"以"生态优先，绿色发展"为总纲，生态设计与绿色观念恰恰是景观专业的特长；所谓大挑战在于景观专业虽然具备生态领域的专业能力，但生态、绿色是手段和方式，而不是目的；公园城市真正需要的顶层设计是基于生态文明的产业与经济的可持续发展，发展才是硬道理。因此，如何将生态价值转化为经济价值和城市发展的驱动力才是"公园城市"给出的真正课题。它为景观规划专业的发展指明了新的方向，对景观师的职业能力提出了新的要求。

　　前文以光势能和城市中医类比，梳理出景观师的职业范畴与社会价值，便于社会各界达成认知共识。本文的重点则是探讨景观师与景观机构如何在实践中实现转型进化，以更好地在公园城市建设中发挥不可替代的作用。

2.5.2　供给侧的渐进改革

"公园城市"所面临的问题早已不再是单一性专业问题,而是跨专业学科的复合性社会发展问题。景观规划设计不应仅局限于公园绿地的专业范畴,而应站在城市发展的全局高度,协调城市的健康与可持续发展(城市中医)。发展模式、路径选择、产业业态、区域发展等诸多以前属于景观专业领域之外的"闲事""分外事",现如今已经成为"分内事"。如果这些"分外事"没有解决,那些"分内事"往往找不到方向或者做了也无价值。这就是很多大型 PPP 项目、特色小镇、田园综合体、城市片区更新等大型投资项目失败的重要原因。

发现问题是解决问题的关键。景观规划师应从"闲事"思维转变为"管闲事"思维,从传统的单一专业范畴扩展到涉及城市可持续发展的多学科领域。未来合格的"景观规划师"可能是由兼备城乡规划能力的景观师进化而来,也可能是由兼备景观生态学知识的城乡规划师进化而来;同时还须具备将生态价值转变为经济价值和城市发展驱动力的产业逻辑,才可能成为"公园城市"发展蓝图的顶层设计者与专业协同引领者。

最近 10 余年的时间里,笔者在景观设计、营造一线亲自参与了大量不同类型的项目实践,亲尝了个中的酸甜苦辣,亲历了行业的快速发展,看到了行业逐步走向成熟的可喜进步,也看到了行业发展的瓶颈与困境。行业发展的主体是广大的从业者,景观业的向好发展取决于景观师的职业能力。由此,就景观师在具体项目实践中如何逐步提升自身能力,如何推动行业的转变,以适应社会经济向高质量转型发展的需要,提出四个方面的个人浅见。

2.5.2.1　由封闭式发展向开放式创新进化

伴随着城市化和房地产业的发展,景观业虽然取得了一定的成绩,但还是被普遍理解为一个种树铺路的配套行业,其尴尬地位反映了发展的缓慢,这在很大程度上源于行业的自我封闭。一方面,很多"上市企业""龙头企业"过分追求业绩扩张而不寻求创新,为求规模而进行流水线式产品化设计、快餐式"种花种树",笔者是哀其不争。这些企业掌握着优质资源,本应担当起社会责任,引领行业产业的创新发展,却通过一个个形式夸张、造价不菲而效益不佳,自称生态却反生态的工程项目低质复制,浪费着社会资源和发展机遇。另一方面,行业内的有些所谓专家学者自满于专业的小天地，故步自封，掌握着专业话语权，却不思突破专业局限，带领专业走向更广阔的天地。行业内专家学者群体的思维高度、专业广度和开放程度对专业的社会价值提升至关重要。

研究国外的优秀案例以及优秀的境外公司在国内的开发案例不难发现：一个区域的开发，应该首先进行区域环境的影响评估与规划、大地生态的规划、风貌控制规划等宏观工作，而这些就是景观规划师应该做的大景观引领。特别是片区综合开发、特色小镇、田园综合体等综合性的项目开发，因牵涉面广、生态脆弱，尤其应谨慎对待。景观规划团队做完大地环境、生态、风貌、文化等宏观梳理工作之后，才应是建设规划、基础设施、建筑、园林等专业设计的介入。2008 年，笔者团队对整个杭州淳安县千岛湖约 4000km^2 区域进行了景观风貌控制规划，就有效地指导和控制了近些年千岛湖区域的开发建设。如果没有这个顶层的风貌规划，仅靠上位的总规和控规，很难控制住无序的开发状态；而山水画卷一旦被破坏，往往留下难以修复的遗憾。近两年编制完成的成都北城小北区景观风貌规划（详见第 3.3.3 节）也是为了同样的发展目标。

新时代的公园城市对景观师提出了新要求，必须开放思维！打破所谓的专业界限，突破单一的专业领域，以开放的心态去学习，跨界融合，跨界合作。在综合性 EOD 开发项目的顶层设计阶段（以 2024 年成都世园会为例，详见第 4 章），景观规划师应当积极争取机会去参与甚至引领顶层设计编制，并综合文化、生态、产业、建设、运营、金融等诸多专业协同。一名优秀的景观规划师不但应具备综合的专业知识、深厚的生活体验以及感人的艺术想象，还应具备协同各专业共同达成建设目标的协调领导力。当一名景观师从封闭走向了开放，当景观师担当起了 EOD 项目的引领，景观行业也就真正有了未来，就能助力综合型 EOD 项目开发、项目建设协同，真正实现可持续发展。

2.5.2.2　由被动服务向引领思考进化

在大量的项目实践中发现，很多设计师仅为设计而设计，为形式而设计，并未从项目的本源上思考问题。用矛盾论的思维，就是这个项目要解决的主要矛盾是什么、次要矛盾是什么？这就需要设计师转变思维方式，转变身份，由乙方思维转变为代甲方或甲方思维，由从属地位转变为主体地位，由被动设计转为引领思考。只有这样，设计作品才能由满足客户需求到超越客户期望，设计本身的价值才能得到提升，景观师的地位也才能得到尊重和巩固。以成都北城临水雅苑公园为例（详见第 3.4.1 节），对地方政府而言，多建一座社区公园并不具有很大的价值，而以临水雅苑为引领打造锦江九里公园（详见第 3.3.1 节），其价值和意义就要大得多，这就是站在了引领者的角色，以甲方思维，超越了客户期望。同理，丝路云锦项目（详见第 3.3.5 节），如果仅考虑人行通道的需求，走地面也是可以实现的，最多新建两座人行桥。丝路云锦高线公园方案的提出，远远超出了通行的功能，是从引领片区发展的角度，以及激活周边地块价值的角度思考问题，就是站在主体视角引领思考了。

2.5.2.3　由关注图纸向关注服务进化

景观营造是一项在地实践性非常强的工作。未来的景观行业中，最稀缺的首先是真正具有现场营造能力的设计师，也就是具有从设计创意到施工营造全程服务能力和掌控能力的景观师；既具有良好的创意审美，又懂工艺材料及预算造价，全程跟踪服务，以保证设计理念的延续和完整。其次是具有现场再造能力的施工工匠，再次是熟练的蓝领工人，最不值钱的将是只会坐在办公室里画图的设计师。10 多年前，活跃在中国景观市场中的大量东南亚籍"手绘大师"的消失就是一个明显的例证。

笔者在 15 年前就主张"设计师工匠化""设计施工一体化"。近年来参与的设计项目中，建成效果好的项目几乎都是采用设计引领的 EPC 总承包模式，设计团队深度参与服务和管控，与施工工匠共同完成现场再造。临水雅苑、亲水园等 EPC 项目（详见第 3.4 节）的建成效果获得普遍赞誉，工匠化设计团队的深度参与是重要因素之一。

景观行业的营造升级就在于服务方式的转变和服务水平的提升，归根结底在于景观师综合能力的提升。景观师应多走出办公室，走进项目工地，走进优秀项目的现场去研究、体会，将图纸画在大地上，"将论文写在大地上"。

2.5.2.4　由软硬分离向软硬结合进化

一直以来，景观行业的设计师一般分为软景设计师和硬景设计师，特别是大型设计院，专业分工非常精细；做硬质景观的设计师不懂植物配置，甚至不认识植物品种，不懂植物习性；植物设计师又几乎不识硬景材料，不懂工艺。这导致很多项目是由不同软景硬景设计师、工程师分项分部完成的一个个拼凑体，其视觉美学和艺术效果的完整性是打了折扣的。未来的景观设计将要求软景与硬景合二为一，统筹配置，一气呵成，才能实现完整的园林艺术效果。这就需要景观师具备全面的知识和能力，特别是负责现场服务和管控的设计工匠。

软硬结合的另外一层含义就是由物理空间的形式构造，到注重文化和精神的体验。中国传统古典园林一般由士大夫阶层营造，园林造景就很讲究文化意境和情趣，体现造园者的精神内涵追求。但伴随着快速城镇化和中国房地产业的兴起，从海外舶来了各种异域风格的形式符号，以迎合鼓吹开发商的附庸风雅。这种洋快餐式的景观没有底蕴，没有根基，纯粹是为鼓吹而设计，形式大于功能，完全谈不上文化氛围，更谈不上艺术美感，近年来的景观创作越来越强调在地性、在地文脉的挖掘；但往往流于符号化，形式大于内涵，需要更进一步挖掘和提炼其内蕴与神韵的独特性（详见第 2.7 节）。

要实现上述目标，需要景观行业的从业者们不断开放创新，从观念、产业链上，从人才培养上，在每一次的服务实践中逐步实现升级进化。

2.5.3　景观师的四级进化

中国的社会经济发展将进入公园城市理念下的新常态，以公园为中心聚集人才、产业、商业、信息、资本等发展要素。因此，景观师需要对上述要素有充分的理解和认知，对环境、生态、社会、产业发展模式进行新的探索。不管是单个园林景观项目的建设，还是综合性的区域开发，都需要景观师从前端、从顶层设计开始介入，做好谋划引领。这个谋划就不再仅局限于公园的物理空间，而是扩展到以公园为核心的系统关系，包括服务体验关系、产业发展关系、商业运营关系、智慧协同关系、社会创新关系，等等；而且，有形的物理空间设计已经变得非常基础，无形的发展关系设计才更有价值。景观师能否承担起这一社会责任，起到引领作用，这取决于景观师的职业能力，取决于景观业的行业地位。在当下的公园城市实践中，景观师不应再仅仅是"图纸制造者"，而是至少可以扮演四种角色：

如果景观师只具备景观本专业的知识技能，提供公园绿地的物理空间设计，那么其社会角色就是人居环境建设领域的末端服务者。

如果景观师具备工程项目的施工工艺、材料造价等相关知识技能，可以掌控一个项目从设计到施工的全程服务，那么其社会角色就是一个服务整合引领者。

如果景观师具备商业运营领域的相关知识和社会经济发展的前瞻视野，

可以进行建设项目的前端策划规划来指导后端运营，那么其社会角色就是建设项目的顶层设计者。

如果景观师可以掌控公园城市建设项目从项目策划、勘察设计到工程管理，从品牌营销到招商管理的全程化一体化咨询与服务，那么其社会角色就是社会上所稀缺的区域发展驱动者。

可见，未来景观师的社会地位取决于其能力边界和对社会的价值贡献（表2-3）。突破物理空间的专业圈层认知局限，拓展服务创新与协同引领能力是公园城市的迫切需要。任重而道远！

景观师的能力、价值与社会角色　　　　表 2-3

层级	服务内容	核心能力要求	社会价值	身份角色
初级	公园绿地设计	专业技能	物理空间设计	末端服务者
中级	设计施工总承包	设计师工匠化	设计整合服务	服务引领者
高级	建设项目策划规划	社会经济视野	设计引领运营	顶层设计者
顶级	公园城市全程顾问	多专业融会贯通	设计驱动发展	发展驱动者

2.5.4　景观机构的三层进化

公司企业存在的意义是创造价值，而价值需求随着社会的演进也在不断发生变化，因此，企业需要不断转型进化，以适应新的价值需求。在适应公园城市供给侧改革的大背景下，景观设计机构也将出现分化。

一部分机构将在细分领域深耕，如植物造景、花境营造、景观小品、游乐设施等，设计人才工匠化，服务模式是细分领域的专项EPC，这种机构规模不大，但小而美、小而强，精品项目将依赖于一批这样的小型机构的整合服务。

一部分机构将转向技术创新，寻找新的市场空白，如公园城市策规咨询服务、公园物业运营，甚至转向数字化的元宇宙虚拟景观设计等新领域。

另一部分将转向专业化服务整合管理，如设计施工一体化总包服务、公园城市建设全过程咨询服务等，这些企业将发展成为复合型的大型企业，但社会对这类企业的需求数量不会太多。这类企业需要向前两类机构购买细分领域的服务，形成一个上下游生态链。这类企业需要培养一批具有跨专业背景和项目实战经验的复合型管理人才。培养这类人才绝非一日之功，即便当下设计施工一体化模式已经相当普遍了，大多数相关企业仍然无法真正做好，很大原因是因为没有培养出真正具有工匠化能力的景观师。

公园城市理念下，景观设计机构的进化，本质上应从工程设计向服务设计转变。景观机构所提供的服务大致可分为三个层级（表 2-4）：

景观机构三种服务模式对比　　　　　　　　　　表 2-4

层级	服务模式	服务内容	服务特征	能力要求	价值适应
1.0	单专业服务	公园绿地设计或细分领域	只对本专业负责，不对总体结果负责	专业技能	工业化时代的高效率追求
2.0	半集成服务	策规一体化，设计施工一体化	对阶段性结果负责	专业协同、设计管理	后工业时代的高性价比追求
3.0	全过程服务	全过程咨询顾问	对全过程和结果负责	跨界整合、闭环能力	新服务时代的可持续发展追求

按照传统的设计服务 1.0 工作模式，一个项目从前期谋划到落地运营大致可分为 5 个阶段：策划、规划、设计、施工、运营，每一个阶段都有核心问题需要解决，如果抓不住核心问题，本阶段的任务将是失败的。因为：

策划是定方向的，方向不对，努力白费；

规划是定布局的，布局缺陷，发展受限；

设计是定品位的，品位不佳，难登大雅；

施工是定品质的，品质不高，项目粗糙；

运营是定效益的，效益不好，钱打水漂。

而一个项目呈现出的最终效果是不同阶段环环相扣的结果，一个阶段的失误往往导致全盘皆输，这就是少有投资项目获得成功的现实根源。因此，越来越多的建设项目管理者看到了"铁路警察，各管一段"的弊端，开始寻求能提供整合服务的公司机构。但结果往往很遗憾，因为真正能满足这类客户期望的公司机构非常少。

近年来，部分规划设计单位开始尝试策划规划一体化的设计服务，施工单位成立设计部门，发展设计施工一体化服务，在一定程度上取得了成绩，也获得一定的社会认可。但真正能为客户提供优质 2.0 服务的设计机构依然非常稀缺。

通过对东京城市更新的大量案例进行对比分析，总结经验发现：整体商业策划和业态组合等方面达到最佳运营状态、共有权属和专业团队的一体化管理已成为高品质再开发项目获得成功的三个必备条件。[58]因此，未来公园城市建设需要设计服务 3.0 模式，即策规引领的 EPC＋O 模式。通过策规构建一个价值实现的闭环，解答目标愿景是什么、实现路径是什么、资金从哪里来、投入产出比如何等一系列现实问题；并通过投融资、招商、设计、采购、施工、运营等全过程组织、管理来实现策规的闭环。这是一个从云端到地面、为客户提供全流程整合服务的模式，对全过程负责，打通各个阶段之间的壁垒，减少摩擦，提高效益，提高项目成功的概率。

2.6　转型方法论

前文详细探讨了公园城市理念下，景观业、景观师与景观机构的进化方向和路径。景观机构作为基本的服务组织单元，其自身的转型上承公园城市的转型，下系景观师的转型，是景观业转型的关键。因此，本节重点探讨景观机构的转型。

"转型"，这个词汇已经被说烂，在各行各业都越来越内卷的今天，每一家企业、每一个个人，都面临着痛苦的转型升级压力。之所以痛苦，是因为不知道该往哪儿转？如何转？转型的痛苦还在于"转型可能会转死，但不转型是在等死！"的残酷性和不确定性。

2.6.1　探索转型之路

2.6.1.1　根本原因在于供需错位

8 年前，笔者曾受邀参加一场"私董会"。一个做手机零配件的企业老总作为题主，核心议题就是探讨他的企业如何转型。

现实困惑：竞争激烈，订单减少，生意难做了，跟他生产同类产品的厂家仅在昆山就有近 2000 家，可见竞争之激烈有过于今日之建设行业。

解题思路：这位老总提出要通过内部股权激励来改善当前的局面。逻辑是：因为生意难做了，他要通过分红激励中高层员工的积极性，留住人才，并通过股权激励政策引进一名总经理来管理工厂；他自己则从管理岗位解脱出来，主要精力用于接订单；依靠自己的接单能力，再横向整合同行厂家，以增强与手机制造商的议价能力。这个逻辑看上去很合理，目前，建设行业的各类企业也普遍试图通过增强接单能力来摆脱企业经营困境。

反思本源：企业为什么要转型呢？表面现象是生意难做了，生意难做的原因在于外部环境发生了很大变化：国家经济增速在换挡，经济增长方式要转变，经济结构要调整，经济增长动力在转向，以前的老路已经行不通了。那么，到底是营销方式、管理方式行不通了，生产供应链行不通了，还是技术与服务行不通了呢？

供需错配：从 8 年前到现在，我们发现传统行业一直都很难，似乎一直在转型升级的路上，有的行业已经被颠覆，有的行业甚至已经消失。为什么呢？现阶段我国社会的主要矛盾已从"人民日益增长的物质文化需要同落后的社会生产之间的矛盾"转变为"人民日益增长的美好生活需要和不平衡、不充分的发展之间的矛盾"，即由从无到有向从有到优转变，各行各业皆是如此。一方面是低端、低层次产品和服务的过剩，导致了同质化的恶性竞争；另一方面，随着人们生活水平的提高，对产品和服务的需求层次也在不断提高，但企业供给往往滞后，从研发到生产、销售都需要一定的时间周期。譬如国人曾涌去日本抢购马桶盖，每年花费超万亿人民币去欧洲抢购高端消费品，这就在于民众需求在国内不能被满足；同理，公园城市理念下，粗放式的公园建设模式已经不能适应民众和投资主体对高品质城市公园可持续运营的需求。所以，转型的根本原因在于供需错配矛盾，不是需求没有了，而是同质化的低端供给过剩，高层次的产品和服务供给不足。

本质需求：近年流行一个词叫"内卷"，内卷的本质在于付出更多努力在同质化的低端产品或低效服务上，是一种低水平的消耗状态。那个手机零配件老板和同行如果都"付出更多努力"在承接订单上，势必增加承接订单的成本，而产品本身的价值并没有增加，售价不但不升高，反而会降低，利润只会越来越薄，这就是一个典型的行业内卷案例。而且，随着手机的更新迭代，大部分的手机零配件厂家都可能被淘汰；从 BP 机到"砖头机"，再到智能手机，通信设备已经经历了数轮迭代淘汰的过程。

对于设计行业而言，设计是一个创造性解决问题的过程，解决问题的水平高低反映了创意水平的高下。设计的目的不是画图，图纸只是表达创意的手段而已；设计以创造性为本，创意不够，图纸再多都没价值。而内卷导致本末倒置，效果图要求越来越高，数量越做越多，还有多媒体、动画、模型的附加重复表现，这些劳动只是为了图面、画面的效果好看，其实并没有产生新创意，而且很多画面严重失真，效果难以实现。这些内卷的消耗都背离了委托设计的初心本意，内卷消耗掉了优质的资源、精力和人才。最终，很多设计方案并没有抓住项目的本质，造成项目的投资浪费，损害的是业主方的利益、国家发展的利益，影响到公园城市的转型进程。

2.6.1.2　出路在于创造新价值

根据马克思主义政治经济学理论，供给侧所能提供的产品和服务不能满足于需求端的需求，是社会生产力的发展落后于生产关系发展的表现。而生产力发展水平的落后主要在于科学技术水平的落后。从根本上来说，企业转型的优选出路在于创新，通过产品和服务的升级来满足甚至引领中高端的新需求。

关于创新转型，往往会有两个极端：一个是不知道如何创新，甚至没有意识去进行产品创新，于是内卷是最容易做出的选择，这是目前传统行业普遍存在的困境。但内卷并不能促进生产力的发展，不能产生新的价值，从长期看注定是无效的。另一个是越界性创新。自己的行业太难做了，要换一个行业做，而且要在新行业用创新方法做，难度无疑更大，不确定性更高；网传段子"靠运气挣的钱，凭本事都亏进去了"，说的就是在传统本行赚到了钱，又到新的陌生行业投资亏钱的人。两种转型思路都很危险。

在手机零配件老板的私董会上，我给出的建议是：一方面要稳定现在的传统业务，产生持续的现金流；另一方面，要抽调或组建新团队进行产品创新，寻求与国内外顶尖的手机研发团队合作，与他们一起探讨未来手机的发展方向，提前布局下一代零配件的研发生产，找到未来的盈利点。最后，他恍然大悟，明确了下一步的工作目标。

要么创新，要么内卷，想要避免被淘汰就只能不断进化，创造出新价值。前文提到景观师的进化与景观机构的进化，都是公园城市理念下的需求趋势，能够解决城市发展中的现实问题，创造出新的价值，一定是有效的。这种进化和创新最好是在原有产品和服务基础上进行的"边缘创新"。

2.6.1.3　转型优解是边缘创新

何为边缘创新呢？

我的老师的老师——丹麦著名的建筑规划师扬·盖尔，在他那本誉满世界的城市规划著作《交往与空间》中，有一个著名的"边缘效应"[59]理论：一个广场或一片草地的边缘地带往往是人们活动最集中的地带。在一个有湖面的公园里，人流量最大的地方一定是湖边的草地边缘、台阶坐凳或栏杆侧；夏天去海滨浴场，人流最大的不是陆域沙滩，而是海浪泛花的沙滩边缘。边缘效应的内在价值表现为如下三个子效应：

① **优选效应**：任何人在社会活动中都占有一定的位置，我们总是向着最理想、最有利的方向不断发展，而处于边缘交错区可以帮助我们发现自己的优势，为我们达到理想位置创造更好的条件，从而实现个人价值的最大发挥。比如走在河边散步，既可以看到岸边风景、水中动植物的活动，又可以看到对岸的风光；既可以向陆域行走，又可以上桥，甚至可以坐船渡河。

② **共振效应**：在边缘地带会有各种背景的人群和各种资源，这些因素并不仅仅是简单的叠加。如果在边缘交错区能够找到志趣相同的伙伴或者与之相匹配的资源，两者就会产生共鸣谐振，其他各因素之间也会产生强烈的协合作用。比如，上面两个在河边散步的人，如果他们发现对方也想坐船到达对岸，就会结成同盟，就会产生巨大的动力来达成目标，即使对岸有不可预测的凶险。

③ **聚能效应**：边缘地带是多种元素、多种资源和能量交互作用的地带，信息量最丰富，因而会吸引有能量、资源和信息需求的人群，甚至外系统的人群向这个边缘地带集结。比如，上面两个要坐船到对岸的伙伴，会想办法找到一个码头，这个码头就是船只、货物、信息、资金和各色人群的聚散地，在这里，他们可以找到自己所需要的各种资源，以达成目标。

正是基于边缘效应具有优选、共振和聚能的优势，再加上原有的背景资源和经验优势，就形成了边缘创新的优势。因此，边缘创新就是不完全脱离自身已有的，并且已经发挥出一定价值的背景、资源和成功经验，并进一步发掘自身已有的或者通过努力可以获得的，但尚未发挥作用的资源，找到二者的结合点（边缘地带），在这个结合点上进行资源整合，找到新的发展方向，研发出新的产品和服务。在当前各行各业转型压力的大形势下，边缘创新的核心点在于：

① **跨界但不越界**。行行出状元，家家也都有本难念的经。两千多年前，先贤大哲老子在《道德经》中就劝勉后人"不失其所者久"。当然，老子的本意并不是不离开原来的地方（行业），笔者借表面含义说明不越界的重要性。

8 年前，我的一位同学就已经感觉景观行业越来越难：项目难接，价格下降，成本上升，资金难回等一系列问题，所以谋划转型。他调研发现大健康行业是一个大有可为的朝阳行业，并有机会投资一个很有前景的保健产品，于是一头扎了下去。在耗费了大量的时间精力之后，才发现自己既没有健康行业的专业经验，也没有医疗保健品的销售经验，更没有互联网平台的从业背景，大健康行业所需要的资源和背景与他几乎没有边缘交集；而他也无法做到从零开始花费几年时间逐步摸索成长。跨越边界，跳入洪流，四下无着，两眼茫茫，粉身碎骨的概率是很高的。好在我那位同学及时醒悟，最终又回到了景观行业，进行边缘创新，发现机会还是蛮多的，这些年的发展也挺不错。

② **评判标准是解决痛点。**改革是社会进步的动力，创新是企业发展的动力。判断是不是创新行为的依据在于是否解决了社会痛点，是否适应和促进新生产力的发展。前述的那个手机零配件老板，试图依靠自身的接单能力，组成一个零配件供应联盟；即便成功，也只能暂时解决自身的痛点，并不能解决社会的痛点，更不能促进生产力的提高和发展。而紧跟手机发展趋势，通过边缘创新，研发出新一代的手机零配件才是成功转型、可持续发展之道。当然，短期内两手抓，循序渐进是为上策。

2.6.1.4 边缘创新的探索尝试

在前文景观进化论一节中探讨的景观师的进化与景观机构的进化，都是在景观师传统能力的基础上进行的边缘创新，既能解决城市发展痛点，又能提高投资运营效率，促进"城市，让生活更美好"的愿景实现。这些结论并不是拍脑袋，而是基于多年的项目实践与感悟。

笔者在毕业后一直从事景观设计工作，并获得了国家注册规划师职业资格，因此得以融合景观与规划专业的优势，以宏观的规划思维引领微观的景观营造，在诸多项目实践中收获了出其不意的效果，逐渐形成了景观师应向前端进化，引领"策划规划一体化"的设计方法，推动以公共空间驱动片区发展的 EOD 模式。从 10 年前开始，我们以景观设计为引领，向后端实践"设计师工匠化"和"设计施工一体化"，几乎每一个景观营造项目都取得了超预期的综合效应。正是基于以景观设计为原点向前端和后端的边缘创新实践，近几年才得以将前端的宏观思维与后端的营造能力串联起来，提出"策规引领的 EPC + O"全程服务模式（案例详见第 3 章），渐渐被行业内外所认可，并公认为景观业在公园城市模式下的终极服务模型。这一服务模型的延展过程都是基于景观师专业能力的边缘创新，也同样适应于技术研发、创意设计、服务提升等诸多领域。边缘创新提倡循序渐进的创新转型方式，因为我们大多数人都不是天才和超人，脚踏实地，通过不断地边缘创新，从量变到质变，也可以取得非凡的创新价值。

在后文第 5 章 "公园运营的产品化探索" 中，提出的 "智生态微园区" 模式也是边缘创新的案例。笔者具有工业设计和景观规划设计的双重教育背景和实践经验：一方面，笔者对两个设计领域的全程服务都具有很深的理解，做好工业设计需要更多关注细节与用户体验，而规划设计需要宏观思维能力；笔者可能是景观规划领域最懂工业设计的，是工业设计领域最懂景观规划设计的；另一方面，笔者在景观规划领域和工业设计领域都有大量的优质创意力量资源，既是上海市园林绿化行业协会等园林规划相关领域的理事或会员，又是上海工业设计协会的理事。在这两个领域的资源和对这两个领域的深刻理解可能就是笔者的优势。因此，在对产业园区进行大量实地调研的基础上，团队研发出驱动老工业园区进行渐进式更新的 "智生态微园区" 模式（图 2-6-1）。该模式综合运用平台思维和共享经济理论，以激活存量资产的手法集聚起优质专业人才、资源和能量，推动地方性产业园区的转型升级。这个新的业务模型不但没有离开笔者的本业，反而还激活了笔者另一半的教育背景和资源，是一次典型的解决社会痛点、创造新价值的边缘创新尝试。

图 2-6-1 智生态微园区模式示意

2.6.2　突破认知障碍

相较于技术或服务模式上的创新，企业的转型是一个系统工程和长期工程，要更复杂、更困难得多。一个企业的转型除了要找准转型方向，还要评估公司原有的各种资源条件是否与新的业务方向相匹配，包括人力资源链、生产供应链、营销价值链、服务增值链、财务资源链，都会或多或少地需要作出改善补充与调整，也就是说，企业转型牵涉企业运行系统的方方面面，包括外部的环境、资源。

大约 7 年前，一家与笔者合作关系紧密的园林企业开始谋划转型。其董事长通过长时间的思考和摸索，依托自身多年的工程经验积累，决定公司采用国家倡导的 PPP 模式，由传统的园林设计工程业务向生态产业新城服务商的方向转型。董事长提出这个想法，首先高管们就纷纷提出各种不解和担忧，"我们有谁懂产业新城吗？""我们的资金从哪里来？""我们的业务从哪里来？""我们知道怎么招商吗？招商是很难的。""我们的账款回收有保障吗？"等等。还没进入实质性的转型改革阶段，就已经陆续有中高层离职。有的中高层虽然表面上认同，但执行具体事务时就很缓慢。有的是因为对这个事情持怀疑态度，执行起来自然打折扣；有的是因为能力达不到；有的干脆以各种困难、各种理由拖延执行。更不用说中层干部和普通员工了。对这个转型的认知不足导致执行低效就已经让董事长很头痛了，更不用说后面推动转型过程中的动力障碍和资源障碍了。大量的案例证明，一个企业的转型最关键，也是最难的环节，就是突破认知障碍。转型之前形成统一认知、统一思想，心顺了，后面的困难才可以迎刃而解。而要突破认知障碍，有以下三个关键控制点。

2.6.2.1　一把手亲自参与

转型改革是一个系统工程，牵涉方方面面的内部力量与外部资源，有些人和事一把手都不一定搞得定，何况其他人呢？转型改革是企业内部的二次创业，需要一把手亲自参与。

历史上的商鞅变法，如果没有秦孝公的亲自参与和力排众议，商鞅连两个氏族之间为了争夺水源进行的惨烈械斗都无法制止，后来每一项改革制度的推行几乎都遭到秦国既得利益权贵群体明里暗里的反对和阻挠。如果秦孝公改革的意愿不是足够强烈，改革的意志不是足够坚定，改革的手段不

是足够霸道，变法早就中止了；商鞅也等不到秦孝公死后才被车裂。华为的
一位层级比较高的同学透露，任正非对研发非常重视，不仅舍得投入研发经
费，还亲自参加每年的研发评审会议，重要项目都由他亲自定夺。最开始几
年里，通信终端事业部的手机研发进展也不顺利，同期的好多项目都已经下
马或被搁置，但任正非坚持对手机研发的持续投入，才有了华为手机的异军
突起。我在上海交通大学海外教育学院的企业转型与突破课程中，对比同期
班的几家企业，一把手对转型方向越坚定、参与度越高的企业，转型效果就
越好。

企业的转型，首先应通过边缘创新确定转型方向；然后由一把手带领高
管层、中层、员工，层层突破认知障碍，并坚定地推动落地实践。根据扇形
效应，如果一把手对转型方向不坚定，高管和员工的执行就会越偏越远，转
型成功几乎是不可能实现的愿望。

2.6.2.2　策划引爆事件

秦孝公任用商鞅变法之前，秦国社会是一个老氏族势力盘根错节的社
会，国府号令多有反复，民众不信任政府。在这种条件下实施变法，老百姓
是持有怀疑态度的。卫鞅的变法法令制定出来之后一直没有公布，他在寻找
一个合适的引爆机会。一天，卫鞅让卫士在国都市场南门立下一根三丈长的
木椽，宣布谁能将木椽搬到北门就赏给十金，百姓不相信，没有人去搬木
椽。后来赏金增加到三十金，仍然没有人去搬；赏金加到五十金，还是没人
搬。最后卫鞅宣布命令说："赏金增加到百金，搬到北门，立即兑现。"一个
穷苦的小伙子因为缺钱给爷爷治病，抱着试试看的心态，将木椽搬到北门，
立即获得百金奖赏。从此，官府获得了威信，卫鞅随即颁布法令实施变法。

"徙木立信"就是卫鞅为秦国变法精心策划的引爆事件。在企业的转型
过程中，选择引爆点策划引爆事件的时候，应注意五个方面的因素：

（1）引爆事件是可以让员工轻松获得体验和感受的事件或关键环节；

（2）对本项目或管理运营事件的总目标达成有较大的影响；

（3）对其他项目环节有很强的连带影响；

（4）改善难度相对较小；

（5）成绩容易表现和传播（广告与公关信心指数最大化）。

卫鞅的"徙木立信"、张瑞敏的铁锤砸冰箱都是改革引爆事件的经典
案例。

2.6.2.3　注入新鲜血液

人都是有惰性的，我们认识自己都很难，做到自我反思、自我批评就更难，更不用说自我革命了，企业更是如此。试图让一群在既有业务上已经形成一定惰性的员工，改变现状，转型至新的业务模式，只靠内部力量是相当困难的；而从外部引进新鲜血液将会事半功倍：

（1）**引入外部力量来引爆**。商鞅来自卫国，一方面，以局外人的视野来看秦国的问题，可以更客观；另一方面，与秦国的各种势力都没有瓜葛，可以做到相对公正无私，就事论事。而如果商鞅来自秦国内部，"不识庐山真面目，只缘身在此山中"，不但看问题的视角会有影响，还会受到各种势力因素的掣肘。要么，一把手亲自引爆，像张瑞敏一样；要么引入外部力量，像商鞅一样，但也不能缺少一把手的强力支撑。

（2）**另起炉灶组建新团队**。当企业在熟悉的业务模式上走顺了，再尝试让老员工走出舒适区，挑战新难度是非常困难的，所谓积重难返，越大的企业转型越困难。让老团队兼顾新业务是非常困难的，即使有进展也会非常缓慢。最好的办法就是另起炉灶，重新组建精悍团队开展新业务。我们熟悉的支付宝、钉钉，都是在阿里巴巴体系下另起炉灶产生的，历史牵扯少、包袱小、效率高，成功率也更高。

笔者在尝试从景观设计向策规一体化设计转变时，团队设计师总是不断提出质疑：我们是景观设计师，上位规划是规划师的事儿，不该我们操心吧？产业发展跟我们有什么关系？商业运营跟我们有什么关系？建筑是建筑师的事儿，扔给建筑师不就好了？在我一遍一遍解释之后，发现大多数设计师还是会不自觉地把自己局限在景观设计的狭窄领域里。试图让景观设计师去实践"设计师工匠化"也面临着同样的问题。对大多数人来说，突破认知局限和跨出舒适区都是非常艰难的。后来，我就在团队内部挖掘加引入新鲜血液重新组建团队的方式，亲自带队开展新的尝试，就顺利很多。

2.6.3　跨越动力障碍

转型之前突破认知障碍，就摆脱了思想上的束缚；要想更好地执行创新行动，更快地收获好的效果，还要解决动力问题。如果汽车没有动力驱动，就跑不起来；如果创新转型不能解决利益驱动的问题，也很难快速高效执行。因为作为社会性动物的人，其一切社会活动的动机只有两种：逃避痛苦和追求快乐。

大家都熟知成语破釜沉舟的故事，项羽命令士兵只带三天干粮，把饭锅打碎，把渡船砸沉，同时烧掉所有的行军帐篷。战士们一看退路没了，这场仗如果打不赢，就谁也活不成了。果然士兵以一敌十，大破秦军。楚军士兵的强大动力就来源于对死亡痛苦的逃避。

有研究表明，相比大公司，小公司的创新力更强，硅谷的颠覆式创新成果基本上都来源于小公司。为什么会产生这种现象呢？这是因为创新都是有风险的，大公司的既得利益集团已经基本形成，内部创新不但会面临重重障碍，一旦失败了造成损失，还会降职或开除；而就算成功了，也是大家共同努力的结果，对于个体而言不会有太大的收益；只要稳稳地做事，不犯大的错误，熬着熬着就可以升职了，这就是大公司的惯性机制。而小公司的创业者，一旦创新创业失败，可能房子车子都没了，损失会很大；而一旦成功了，收益也会很大。出于对失败痛苦的逃避和对成功快乐的追求，小公司的创业者们会激发出所有的激情和潜能。

中国共产党提出的"打土豪，分田地"很好地解决了广大农民群众的革命动力问题。成吉思汗用"谁攻下城池，战利品归谁"的分配制度解决了蒙古铁骑的动力问题。任正非用全员持股的股权分配制度解决了数万华为员工持续奋斗的动力问题，等等。

因此，一旦确立了创新转型的方向和目标，如何激发员工的工作激情，将动力转化为执行力是迈向成功的关键。

2.6.4　破解资源障碍

转型的方向和目标已经统一，员工的激情动力也已经充分调动，是不是就可以成功了呢？仍然不够，还需要充足的资源来支撑实现！企业转型一般是转到一个不同于传统业务的方向上，新业务只能部分使用或完全不能使用已经积累的资源。因此，刚开始转型的时候，往往是理想很丰满，现实资源很骨感。

编草鞋出身的刘皇叔（刘备）就是一个通过不断转型、不断升级，最终实现人生目标的"小强"。刘备从小的志向就是"匡扶汉室天下"，但除了一个中山靖王之后的正统出身，啥资源也没有。但他不气馁，通过不断地借力借势，来不断地发展壮大。先是通过桃园三结义，解决了核心的人力资源问题。后又加入公孙瓒集团，大胜董卓。好不容易从陶谦手中得了徐州，却被吕布夺走；于是投奔曹操，擒杀吕布，后又趁机率五万军马离开曹操。之后投奔袁绍，依附刘表；受困樊城时，得到诸葛亮；长坂坡一战，摔阿斗，收服赵云。后来被曹操追赶到汉津，联吴抗曹，打赢赤壁之战后，形势不断好转，稳固发展，三分天下有其一。刘备树立了人生目标之后，就是通过不断地整合资源，实现了人生逆袭。

初创小公司没有品牌号召力，团队、技术、资金、人脉等资源都很薄弱。而我们翻开大公司的发展历程会发现，它们都是通过不断地整合资源，借力借势，跨越资源障碍的。国内著名的旅游电子商务网站——驴妈妈旅游网，其前身是旅游景区策划公司奇创设计，这家小公司通过与国际知名的大型规划咨询公司阿特金斯进行战略合作后逐步壮大。后来通过边缘创新谋求转型，成立景区门票电子商务网站驴妈妈；最先获得携程四君子之一的季琦的青睐，后又引入华住酒店集团、携程、红杉资本、锦江集团等战略合作方，逐步发展壮大。

从历史的维度来看，我国公园城市转型刚刚开始，从国家到城市、从企业到个人，都面临着一场必经的转型变革。我们每个人都需深刻理解，清醒思考，勇敢面对。

2.7 山水文脉主义

中国当代景观在 1998 年房改之后才真正走上了快车道，在 20 余年的发展历程中，各种风潮、风格的景观几乎都在中华大地绽放，可谓是"百花齐放"。[60] 繁华落尽之后，近年来景观营造开始在风格上向在地性转型。我们先来回顾一下这段丰富的历程，以便更好地探索未来如何转型。

2.7.1 舶来与复古的批判

2.7.1.1 舶来的景观

伴随着中国快速工业化和城镇化的进程，中国景观行业呈现出市政景观和地产景观两条不同的发展路径，但在发展前期都呈现出明显的舶来主义特征。

1998 年中国城市居民住房商品化改革以来，中国居住区景观的发展进入了快车道，各种异域风情的景观此起彼伏。从最开始的欧陆风、地中海风到巴厘岛风情，从后来的新古典主义到法式、英式、美式等各种生活主义，再到复古的 Art-Deco 风格，都不过是房地产开发商为了迎合新富阶层的某种心理需求而制造的符号卖点；而设计单位为了迎合开发商的这种猎奇心理而各显神通，制造出各种所谓的主义风格。这种完全没有文化根基的主义风格在全国各地迅速复制，使得离开乡土的新市民入住城市的"高档住区"之后，更加剧了漂泊感和迷失感。虽然我们生长在文化底蕴深厚的华夏大地，却要靠各种洋风格、洋主义装点门面，以显示高档和与众不同，这与脖子上拴一条大粗金链子的土豪似有异曲同工，不能不说是发展转型期特有的一种文化心理。笔者在职业生涯早期也曾设计过两个西洋风格的居住区景观，但设计过程中有一种强烈的感觉，似乎是以一种类"太监"与"汉奸"的心态来揣摩设计。这种心理曾一度使笔者内心面临痛苦的挣扎，怀疑景观设计师的职业发展之路是否就应该如此，因而产生了厌倦情绪。

在快速城镇化过程中，我国的城市规划全面倒向西方现代主义城市规划体系，笔直的轴线、宽阔的大道、快消品一样的方盒子，满足了工业化时代对效率优先的追求和权力欲望推动下的政绩，快速建成了一座座"千城一面"的城市。与此相对应的现代主义城市景观也以大轴线、大广场、大草坪、大树阵构建起"上帝"视角的宏伟气势，这种视觉的冲击确实彰显着城市建设的丰功伟绩，却并不符合市民的使用尺度和使用习惯，以及审美情趣。我们中国人需要怎样的景观呢？

2.7.1.2 复古的园林

在欧陆风情的居住景观之后，近年兴起了中式大宅、江南园林、徽派、新中式景观，大力鼓吹文化的回归。以各种雕刻为代表的传统装饰元素，极力渲染中国古典文化的底蕴和古典园林艺术的技艺，似乎从老祖宗那里抄来一招半式、拿来一些古董元素符号就可以迎合满足当代国人的生活方式。笔者并不否认对中国传统园林艺术的欣赏，也很喜欢在园子里短时的休闲或小住，却并不向往居住在这种"八股文"式的所谓中式大宅中，总感觉有点前朝遗老遗少的味道。今人与古人有着完全不同的物质、科技、制度等因素为基础的生活需求和社会认知，偶尔读一读文言文或繁体字，可以陶冶一下情操，提升一下文化修养，若整日翻阅古籍，久之则厌，且无法更新时代思想、与时俱进。

2.7.1.3　装饰的局限

无论是舶来的景观还是复古的园林，往往都是通过装饰性的符号标签来标榜其高贵价值。异域舶来品跨越地域的沟壑，畅行无阻；传统模仿者穿越时空的界限，遍地赝品。前者缺失地域文化脉络的结合，后者与当代人的舒适生活诉求脱节，缺少时代性的创新。无论是异域舶来品还是时空穿越者，都不过是装饰主义的延续。装饰的浮华显得热闹非凡，往往容易迷乱我们的双眼，让我们迷失在表面的虚华之中，而无法回归内心的宁静。

诚然，无论是异域风情还是中式传统景观都有其存在和发展的合理性，笔者也并非对这些景观风格存在偏见和排斥，但反对"八股文"式的景观布局与装饰符号在全国各地大量复制。笔者在设计实践和招聘面试过程中发现，多数地产景观设计师已经被装饰主义和"八股文"训练成机械的绘图师，而缺失了对较大尺度、较复杂项目的问题解决力，更不用说文化立意和艺术想象力（详见第 2.8 节）。不能形成独立思考与创作能力的设计师是很容易被淘汰的，前车之鉴就在 10 年前。在 21 世纪的前 10 余年时间里，活跃在中国的菲律宾、马来西亚等外籍设计师，以手绘图又快又好而著称。在不去踏勘现场，不跟业主方沟通的情况下，给他一张地形图，一个晚上就可以画出一张 A1 大小的总图方案，而且图面很漂亮，这么高效的设计师当然受欢迎。但在 10 年前的某个时间节点，他们几乎一夜之间消失在中国大陆的景观设计市场。为什么呢？其实他们并不能算是真正的景观设计师，而是工艺美术师，通俗地讲，就是绘图员，并不能真正地解决项目的核心问题，创造可能性。这从另一方面也反映出中国的景观设计市场在逐步走向成熟。

那么，什么样的景观是满足现代中国人需要的景观呢？必然是传承于东方哲学并创新于现代都市的山水文脉主义景观。

2.7.2　山水文脉主义探源

2.7.2.1　山水与哲学

"仁者乐山，知者乐水。"我们几乎从小就能倒背如流。孔子教导我们应当具有像山一样孕育万物而无私欲的仁爱，具有像水一样顺应山脉肌理而川流不息的智慧，引导人们热爱自然山水，从中感悟宇宙万物之理。两千多年前（可能更早），山水与中国人的主观意识开始相通。魏晋以来的士大夫们迷恋山水以感悟玄趣的精神世界，通过山水诗、山水画表达对社会的不满，以及对理想世界的向往和追求，山水以言志成为历代文人阶层的共识。西方人在面对人生失意或困惑时，往往会走进教堂，求助于上帝；而中国文人则是走进山水，求助于山水。所以我们的山水画这么发达，山水诗这么盛行，私家园林这么发达。山水已经成为可以帮助人们疗愈心灵的良药，山水已经成为启发智慧的哲学。

宋代禅宗大师青原行思提出了参禅修行的三重境界（图 2-7-1）：

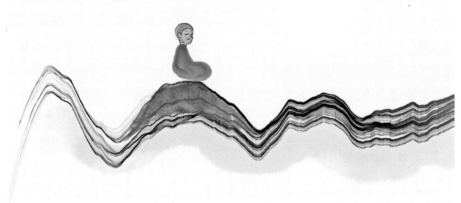

图 2-7-1 山水与禅悟

参禅之初：看山是山，看水是水。

禅有悟时：看山不是山，看水不是水。

禅中彻悟：看山还是山，看水还是水。

人们常用这个山水的故事来比喻人生的三个认知阶段。对于设计师来说，参禅的三个境界也适用于设计的三个阶段：初学设计的时候，对着真山真水写生，生怕画不像；初做设计的时候，对项目的理解不深，懵懵懂懂地参照模仿别人的设计，照猫画虎；后来渐渐对模仿他人产生了怀疑，开始尝试透过现象看本质，探索形成自己的解题思路与技术特色；随着对各类项目的本质问题的洞察力驾轻就熟，在轻描淡写地解决项目核心矛盾的同时，还有艺术与情感的融入，如山水画般给人一种淡远缥缈的意趣，这种意趣是山水带来的，却又远远不止于现实山水，大道至简，物我合一。

2.7.2.2　山水与文化

其实，不同民族、不同文化修养的个体，面对同一山水，其感受是不一样的；即使是同一个人，在不同的年龄阶段、不同的情绪状态下，看待同一山水，感受也是不一样的，这就是山水的文化性、动态性和品格化。山水是客观的，文化是由主观意识的人创造的；有了文化意识的介入，山水也就不再客观；以文化的视角看待山水，山水也就成了文化的一部分。特别是对于从小就受到古典山水诗文、山水书画熏陶的国人来讲，山水就是文化，就是乡愁。

我们的祖先由丛林到草原，由猎采到耕种，从聚居到城市，是一个从自然中顽强生存的进化过程。华夏文明历经数千年发展，人们对理想栖居的追求几乎从来没有停止过，渐渐形成了理想栖居的模型。无论是古代神话中的昆仑仙山、蓬莱仙岛，还是山顶洞人、马坝人的洞穴；无论是道家的洞天福地、陶渊明的桃花源，还是无数山水画家笔下的自然山水，这些理想栖居模型与民间"左青龙、右白虎、前朱雀、后玄武"的理想风水模式几乎如出一辙。[61]撇开中国风水理论与西方科学之真伪不谈，这种自然山水格局的居住模型已经成为中国人的文化认同和精神心理追求，就像红红的中国结代表吉祥如意，贴春联驱鬼纳福一样，已经上升为一种文化价值观。

2.7.2.3 山水与园林

中国人的世界观和价值观深受道家哲学思想影响，那种重心略物、尊重自然的哲学思想奠定了中国山水画和中国园林的美学基础。中国山水画是中国人精神世界和精神追求的表达和寄托，传递出超然物外、淡泊宁静的意境。这与西方风景画注重客观物质世界的写实表达是截然不同的。这两种绘画思想是东西方两种哲学思想差异的外在体现，这种差异也同样表现在东西方园林的设计手法上。

中国园林与中国山水画一样，重在写意，不拘泥于客观物质的真实形态，而偏重于意韵与情趣的表达。西方园林强调理性、有秩序的视觉形象，通过几何平面美学构建物理空间的秩序。近20年来，以大草坪、大广场、大直线、大折线为特征的现代主义景观遍布中国城乡，高效直白的空间规划和物理景观是经济快速发展的写照，像轰鸣的推土机一样几乎荡平了根植于这片土地几千年的人文传统，了无情趣的西式园林让我们在城市公园中几乎找不到文化的共鸣和精神的寄托。

中国园林的源头是师法自然，特点是以小见大和文化隐喻。一方园林是名山大川、洞天福地的浓缩，是立体的山水画，是文化风骨的寄托。园林承载着教化民众、传承文明的历史使命，需要一代一代园林人的不懈努力，不断在传承中创新，在创新中传承，持续散发出中华文脉独有的文化气质和文化魅力。

文化不会自然地流传，它很脆弱，文化脉络更是极易断裂。因为人是被教化的动物，给予什么样的教化，就会产生什么样的价值观。中华文明以其顽强的生命力和包容性成为世界四大古文明中唯一没有断代的文明。但自鸦片战争以来，我们在丢弃糟粕的同时，文明的精华也在一代代减弱，有的甚至已经流失断代。特别是近年以来，面对着物欲横流的西方现代文明的不断冲击，很多国人渐渐丢失了自我身份认同和母系文化认同，自我否定和拿来主义至上导致创新和更新升级动力不足，物质至上导致灵魂无处安放。笔者以为这些潜在的社会文化危机正是源于文明教化的缺位，当下和未来的文明教化不能再是说教式的，而应是如春雨般"随风潜入夜，润物细无声"的潜移默化。园林空间场景正是文明默化的最佳载体之一。

2.7.2.4　山水文脉主义

相较于装饰主义景观，自然主义或生态主义注重在国土空间层面解决生态与环境问题，无疑是具有积极的指导意义的。但在城市微观的人体尺度上，人文情趣与美学情感的熏陶也必不可少。缺少文化内涵的景观，就像美丽的花瓶，看多就厌了。文化之于设计，如同根系之于鲜花，缺乏养分的输送，再美都难以绽放。

山水文脉主义强调自然山水与在地文化的交融，回归自然是人类的原始需求，高于自然则是文明的体现，山水文脉是独特的在地文化心理的成因，是在地居民地理认同感与文化归属感的根基，通过山水文脉的复兴帮助在地居民找回自己的身份认同与心灵寄托，并将有情感的独特性转化为自我实现的优越感，是山水文脉主义景观的核心价值所在。

山水文脉景观从理想栖居的角度，更深刻地透视了国人真实的内在需求，不单是身体的、物质的需求，更是思想的和精神的需求。与装饰主义相比，山水文脉主义是褪去浮华的本真，让居者产生一种心灵归属的感觉。山水文脉景观是充满诗意的、富有故事性和充满生机的在地风情景观。山水文脉景观应具备如下特点：注重地形地貌，因地制宜，再造接近自然的"山水"；拥有地域文化内涵，崇尚对环境、人文、历史的尊重和传承；形式简约大方，尊重实用功能，摒弃复杂繁琐的线条和装饰元素符号；质朴的自然材料，如竹木、板岩、砂石、夯土等，在地性回归是主旋律。

山水文脉景观自然平凡，不追求华丽的装饰；虽不高贵，也绝不庸俗；与生态哲学理念一脉相承，也秉承地域文脉底蕴；造价不高，但能营造出符合中国人追求的桃花源式的理想栖居。虽然居住在都市中的大多数人没有条件去寄情山水，但如果在城市公园与居住环境中营造山水文脉主义的景观，市民同样可以在"意象山水"中接受熏陶，放松心情，获得内心的宁静与平和。

2.7.3 山水文脉景观实践

回顾职业生涯，笔者的山水文脉主义理念的形成是一个自然而然的过程。虽然在职业生涯早期，曾进入外资公司就职，深受西方现代主义理念的影响，也接触过欧陆风情的景观项目委托，但始终无法跳脱山水诗画的国学影响，无法背离骨子里的文人情怀。就像笔者的中国胃一样，每次出国考察，总是无法适应欧美的饮食文化，如果不能找到地道的中餐馆，宁肯在7-11便利店吃泡面，几天之后嘴角便开始长泡；没有美食的滋养，人也开始消瘦。这不正如在地山水文脉之于景观的重要性吗？而且此时的山水文脉绝不是古典传统的山水文脉，而是符合当代中国人意趣的现代性山水文脉。

2.7.3.1 城市公园的山水文脉实践

本书第3章将详细解读在成都北城的多个公园项目实践（表2-5），自始至终以成都"雪山下的公园城市"的山水意境为统领。首先从成都平原的大山大水入手，分析梳理北城的中山中水格局，提出北城山水复兴的目标；进而在不同的公园项目中，根据地形地貌与文化业态特征，通过微山微水以及意象山水的营造，力求将原本平淡无奇的公园变得富有诗情画意，场地有了灵魂，在地民众有了乡愁。

以上每一个项目的定位都有其鲜明特点，看似没有什么关联，实则是一脉相承，如龙生九子，九子各不同，却有相同的基因（详见第2.3.2节），即每一个项目的创作都是延续成都的山水乡愁与基地的文化脉络。以顶层的城市形象定位统领每一个项目的设计定位，将在地山水文脉理念延续，建成的每一座公园都有山水脉络，有文化神韵。人在城中，亦有山水为伴，游在园中，亦有文化滋养，这不就是新时代老百姓需要的绿色乡愁场景吗？一个个遵循山水文脉理念的公园绿脉慢慢编织，锲而不舍地一张蓝图绘到底，我们的城市也将水到渠成地成为独具魅力的"千城千面"的公园城市（详见第2.3节）。

在成都北城一脉相承的山水文脉主义项目实践　　　　**表 2-5**

宏观层面：成都市，雪山下的公园城市；

北城区，"翡翠项链"的山水城区；

中观层面：　　　　　九里公园，花影水韵的都市微度假目的地；

微观层面：　　　　　临水雅苑，城市山水型艺术公园；

亲水园，濯锦文创艺术公园；

前区广场，"悠竹山谷"漫生活公园；

连通体系，"丝路云锦"高线公园；

东风锦带，未来感的零碳创智水岸；

云溪河，无界交融的漫憩溪谷；

中微观层面：　东部新区，世界园艺博览园，锦鸟栖川·阅千年

　　我们常说一方水土养育一方人。其实，一方水土也孕育一方文脉，文脉又反过来点亮山水。山水是基底，文脉是灵魂，相同的山水风貌在不同地域环境下呈现出的精神气质也是有差异的。由于项目机会，笔者曾深度游览杭州千岛湖（图 2-7-2）与成都三岔湖（图 2-7-3），杭州千岛湖有大小岛屿 1078 个，成都三岔湖包括 113 个孤岛和 165 个半岛，都是"千岛千岔"的景观风貌。划船游览于迂回曲折的湖岸线，都能感受到水墨山水的诗情画境。然而，如果将两个湖面的美景比喻为山水画，意韵有所不同：在游览千岛湖时，笔者感受到的是淡雅宁静的水墨山水；而游览三岔湖时，联想到的却是泼墨山水。前者以傅抱石的山水画为代表，后者以张大千的泼墨、泼彩为代表。傅抱石长于江南，而张大千长于西川，这不会是偶然吧？不一样的水土养育出不同风格气质的山水画大师，我想其卓然非凡的成就一定都深深

图 2-7-2　杭州千岛湖景观

图 2-7-3　成都三
岔湖景观

根植于各自独特的山水文脉之间。

2.7.3.2　居住景观的山水文脉实践

除了大量的城市公园项目，笔者在为数不多的居住区景观设计中，也主要采用山水文脉主义理念，本节就两个项目案例进行解析，希望能为居住区景观设计提供有益的借鉴和参考。

（1）淄博东岳国际康居示范社区（设计施工一体化）

① 项目背景

项目基地位于中国经济百强县桓台县城西南部，占地面积 22 万 m^2，基地东侧紧邻主干道柳泉北路，马路对面为桓台县文体中心。基地及周边地势平坦，水系环绕。基地南面 1km 处为天然湖面红莲湖公园，红莲湖水体通过河道一直延续至基地东侧的文体中心，景观设计方案考虑将自然水体引入居住社区。

项目开发商东岳集团是我国氟硅材料产业龙头，是亚洲规模最大的氟硅材料生产基地，掌握了大量的自主知识产权，打破了多项国外技术垄断。特别是"东岳"全氟离子膜的成功研制受到了党和国家领导人的高度关注，并前往调研。东岳国际康居示范工程就是为东岳的国家实验室和高层次人才配套的专家公寓。

② 山水文脉

这样一家创建于 1987 年的小型乡镇企业能发展成为今天在香港主板上

市的大型化工企业，没有强悍而适宜的企业文化是不可想象的。调研发现，成就东岳的企业文化便是大气浑厚的"东岳泰山"底蕴和仁义礼智信"五常"文化。因此景观设计以"一山一水一龙脉"为景观秩序统领，将园林景观划分为"仁、义、礼、智、信"五大文化景观组团，打造五重涵养园林，实现"在山水森林里安居乐业"的理想（图 2-7-4）。

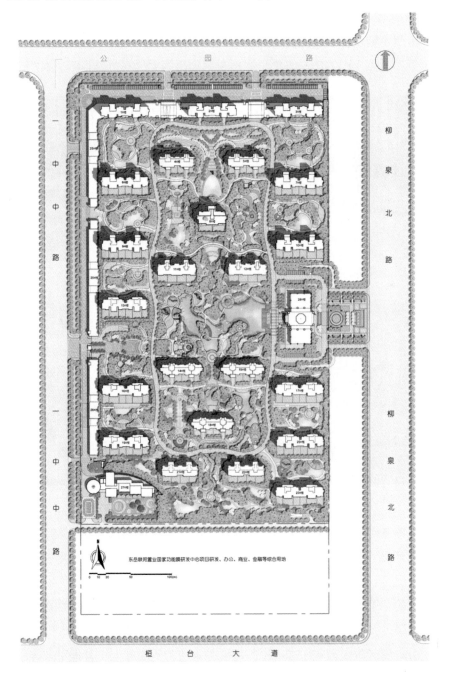

图 2-7-4　东岳国际社区景观总平面

③ 中心湖区

中心湖区的设计灵感来自齐鲁大地的核心意象——一山一水一圣人。在此基础上浓缩提炼出山水文脉的景观意境。双轴线交汇处的人造土丘寓意东岳泰山（图2-7-5），叠石流水间孤植黑松、红枫等植物，雾气缭绕，流水潺潺，宛若桃源仙境（图2-7-6）。土丘之上设计东岳亭，登亭远眺，"一览众山小"（图2-7-7）。

南北中轴水体蜿蜒曲折注入中心湖区，象征黄河汇入大海，成为社区会所对景，给人入园的第一印象，体现东岳集团的大气与包容（图2-7-7）。

图2-7-5　车库顶板叠山理水施工现场　　图2-7-6　建成后的假山与东岳亭

图2-7-7　站在东岳亭下的俯视场景照片

整体造园手法完全模拟自然，叠山成湖，小桥流水，时而开敞广阔，时而曲径通幽，达到步移景异的效果，且景观材料以自然材料为主——溪坑石、千层石、罩石、木材等，甚至乔木的选择也是因山就势，将一些树形并不优美的"歪脖子、弯弯腰"的孤植树和丛生苗恰如其分地栽植在山脚、亭边或水岸，营造出近乎自然的意境。

中心湖区景观面积15285m²，每平方米造价约800元（含地下车库顶板

结构防水和水处理设备）。相比于单方造价动辄每平方米两三千元的装饰主
义社区景观，不但性价比高很多，其生态性与山水文脉意境也更具在地性，
更接地气（图 2-7-8）。

图 2-7-8 中心湖区傍晚景观照片

④ **主题园**

围绕中心景观，楼间开阔处设计 5 个主题人文景园：仁园、智园、义
园、礼园、信园。

仁园——仁者乐山，设置舒缓山体、仁亭、活动草坪等景观，体现山的
博大包容。

智园——智者乐水，设置曲折水体、叠瀑、亲水亭等景观，展示东岳智
慧形象。

义园——设计桃花林、义廊、梯田草坪等景观，展示中国伦理思想。

礼园——设置礼廊、礼仪轴、礼仪草坪等，使节庆礼仪活动在此展开。

信园——南侧的公建配套区域景观，体现东岳"厚德载物，诚信为本"
的经营理念。

5 个主题园以及宅间景观的设计也是以流畅的微地形和植物的自然搭配
为主，局部设置一些简约风格的景观亭廊和主题雕塑，尽量减少复杂繁琐的
线条和装饰元素符号。整体景观是一股清新的自然之风。

（2）北京第 29 届奥运会奥运村景观

回顾近 20 年的职业设计生涯，奥运村景观应该算是笔者山水文脉主义
理念形成早期一个比较重要的项目。

① **项目背景**

奥运村位于北京奥运中轴线北段西侧，整个奥林匹克公园的定位是"继

承和延续北京蕴涵深厚的历史文化积淀，又充满现代气息的城市新形象"。作为奥林匹克公园的一部分，奥运村在奥运会期间作为各国运动员、教练员、官员的公寓使用，奥运之后要转为高档商品房销售。奥运村除了使用功能，还承载历史使命：展现中国崛起的一个大舞台，既有历史底蕴，又开放地拥抱世界、拥抱未来。因此，"为各国精英健儿营造一个休息、休闲和多文化交流的高档社区"是笔者对奥运村的景观功能定位的洞察解读。

② 风格定位

对于奥运村景观应展现丰厚的历史文化底蕴，大家没有疑义；但对于采用什么风格，营造什么感觉却有很大分歧。首先应排除诸如法式、美式、巴厘岛式等当时正流行的域外风情；有专家认为中国传统园林好，但不管是中式古典还是新中式，外国游客可能理解不了其内涵，且有文化过度之嫌。而当时国内已经开始认识到经济发展所带来的环境问题，景观领域的绿色生态理念正欲兴起，作为拥抱未来、引领风向标的奥运项目责无旁贷。而且自然主义是全世界的通用语言，也与中国人桃花源式的栖居文化相符。因此，我们将奥运村的景观主题定位为"基于中华文化内涵的、现代生态理念的自然景观"，即中国山水文脉景观。

③ 山水文脉

根据对周边市政道路与建筑空间布局的分析，结合中华版图中不同地域文化的特点提炼，笔者将整个奥运村景观空间立意定位为"一廊、两轴、四区、八心"的景观格局（图 2-7-9）。

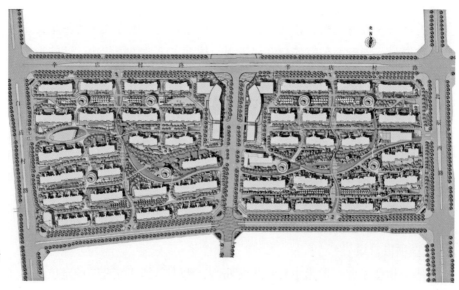

图 2-7-9 奥运村
景观规划总平面

　　其中，"一廊"指横贯东西暗喻母亲河黄河的生态廊道。生态走廊由城市森林、海绵湿地、湖面和岛屿组成（图 2-7-10～图 2-7-12），将各场地联系起来。生态走廊几乎完全按照 LEED 国际绿色认证标准和后来兴起的"海绵城市"理念进行设计，具有调节社区气候和回收雨水重新再利用的功能。搭建在奥运村中心区与北部的奥林匹克森林公园之间的生态绿色步道设计，巧妙地连接了奥运村和奥林匹克森林公园的山水意境。

图 2-7-10　奥运村中央湿地景观效果——桃花源
图片来源：PTW AR-CHITECTS

图 2-7-11　奥运村中央湿地（左）
图 2-7-12　湿地与曲水流觞（右）

"两轴"指分布于东西两片区的两条南北人流聚散通道。西通道展现古丝绸之路文化，东通道展现古京杭大运河文化，二者都曾对文化的交流传播和经济的发展起到巨大的推动作用，正与奥运会的举办宗旨暗合——不同肤色、不同语言的各国运动员交流切磋的平台。

"四区"分别展现中华东西南北四大地域迥异的自然风貌特征：西北黄土大漠风情，西南红土丘陵风光，东北粗矿白山黑水，东南秀美小桥流水。

"八心"指8个社区休闲交流中心（连接地下车库出入口）。造型如8朵莲花盛开于广袤大地，分别展示中国陶文化、茶文化、酒文化、竹文化、礼文化、书画、音乐和体育文化。

奥运村景观设计的文化立意是中华文明底蕴和中国人民的愿望在大地上的投影，正是将物理空间与文化底蕴编织的"网"有机投射在奥运村27.55hm² 的土地上。本项目的立意赢得了领导和专家评委的选票，奥运村景观也赢得了各国奥运健儿的喜爱与尊重。

2.7.4　总结与展望

舶来的景观、复古的园林反映出中国当代景观发展早期的局限性，雷同的元素符号的大量复制不仅水土不服，而且造成了民众的审美疲劳和自我文化认同的缺失。民众呼唤朴素的人本主义景观，少一些装饰的浮华，多一些自然之风、文脉之韵，满足国人理想栖居的愿望和文化归属。笔者相信山水文脉主义景观是一个有生命力的发展方向，它将促进景观师立足于项目本身的特质、项目所在地的生态条件、文脉底蕴进行设计。每一个项目将更有生机活力，每一个城镇将各有特色、独具魅力，开创出一个"百家争鸣，百花齐放"的局面，最终实现国人对理想栖居的追求。

2.8　七步三力创意法则

2.8.1　创意有方法

2.8.1.1　从设计创意谈起

比尔·盖茨曾这样评价"用设计改变了世界"的"设计天才、奇才、怪才"乔布斯：我很佩服乔布斯，他脑洞太大，创意无限，我从来都不是乔布斯那样的人。与盖茨一样，在我们普通大众眼中，设计创意是一种神秘的脑力创造，需要极具天赋的人灵光乍现，像变魔术一样瞬间呈现。很多年轻的设计师也认为设计应该信马由缰、天马行空，喜欢讲灵感、讲感觉、讲感性，更希望自己也能灵光乍现，获得灵感，做出美妙的设计。但现实往往是残酷的，灵感迟迟未能光顾。于是，他们开始怀疑自己是不是没有天赋？

2.8.1.2　创意不是灵光乍现

然而，乔布斯本人却说"创意就是将事物联系起来"。

苹果公司 iTunes Remote IOS 应用开发者艾伦·坎尼斯特拉洛（Alan Cannistraro）也说：没有所谓的"尤里卡时刻"（指"灵光闪现、突发灵感的时刻"）。

比尔·盖茨也说：乔布斯所作的准备工作以及他将准备工作转化成最完美的表现的能力令他感到震惊。

乔治·路易斯在《该死的好建议》（*Damn Good Advice*）一书中写道：设计时间是这样分配的："1% 的灵感，9% 的努力，90% 用来确信并辩护自己是对的。"

哈佛大学研究人员也在《哈佛商业评论》中"创新者的 DNA"论文中提到：我们的经验与知识愈是多样化，大脑能形成的连结也就愈多。接收新讯息能够触发新联想，对某些人而言，新联想将催生新构想。

田中一光在《设计的觉醒》中提到"设计始于概念，终止于方法论。"[62]

以上公认最有创意的人和相关研究者都在说明一个问题：设计中没有平白无故的灵感，即使想法源自头脑的闪现，也是来自信息的梳理、经验的积累，存在可寻的源头。

对此，笔者深有同感：设计需要严谨的逻辑推理过程。

2.8.1.3　景观设计思维方法

相较于纯艺术，设计是解决实际问题的创造过程，尤其是景观设计这样一门解决土地环境综合问题的设计学科。笔者在景观规划设计创作和项目管理过程中发现：景观师设计水平的高低、设计方案的优劣，很大程度上取决于是否掌握了正确的方法论和必要的思维能力。

其实，景观设计的基础方法论就是逻辑推理，创意的形成过程是一个逻辑推理的过程，就跟警察断案一般，也需遵循一定的原理、方法与步骤；而"断案"水平的高低取决于思维能力。景观师的基础思维能力是问题解决力，进阶思维能力是文化立意力，高阶思维能力是艺术想象力（这可能更接近于一般人所理解的创意灵感）。笔者将其概括总结为"七步三力创意法则"（图 2-8-1）。

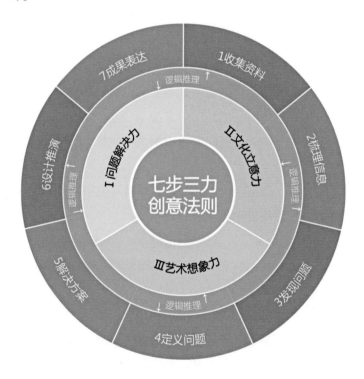

图 2-8-1 七步三力创意法则示意

2.8.2 七步设计法

既然景观设计是解决土地场所的实际问题，那么解决问题的过程一定是一个逻辑推理的过程。即使是承载创意的空间形态载体，也不是凭空而来的，一定是逻辑推理出来的。根据多年的设计经验，笔者深刻体会到：如果不是经过严密的逻辑推理演绎而来的设计方案，就很难经得起质疑，很难站住脚，也很容易被推翻。

发现问题并准确定义问题是解决问题的关键。而背景资料的收集与信息梳理又是发现问题的关键。因此，一个景观设计项目从接到设计任务到最终成果呈现，其逻辑推理过程大致可分解为七个步骤（七步设计法）：

（1）收集资料

项目开始前要深入场地及周边区域进行现场踏勘，收集关于场地的过去（文化、历史、演化）、现在（地形、地貌）和未来（上位规划、发展目标）的相关背景信息，了解业主的背景、喜好、诉求和愿望。最好能建立资料文档，以便项目组成员随时查阅。

（2）梳理信息

接下来，需要对上述信息进行梳理、分类、辨别，并结合标杆案例、用户访谈找出关键信息、重要信息和一般信息。梳理信息的过程也是发现问题、洞察目标的良机。这个过程可以进行头脑风暴，项目组成员畅谈各自的理解，海阔天空，无所谓对错。

（3）发现问题（洞察目标）

洞察项目要解决的主要矛盾和应达成的目标。当你询问设计高手是如何做到的，他会有点儿不好意思，因为他并不是"用力"去发现，而是只需要一点点时间就很容易看出端倪。原因在于他能够连接自己的各种经验，"将事物联系起来"。而他之所以会具备这种能力，则是因为他的知识储备和经验积累比别人更丰富，对问题的洞察就更敏锐。这就好似高超的猎人，其发现猎物的敏锐能力，多是靠长时间的经验积累而形成的条件反射。

（4）定义问题（功能定位）

发现问题之后，需要对项目目标进行明确定义。当你将问题定义得越清晰，在设计时你的思路也会越清晰；项目组成员就越容易统一目标、统一思想。恰似猎人只发现了猎物的痕迹是不够的，还需要通过气味、脚印、血迹等信息定义到底是兔子、野猪、猎豹还是狗熊，然后才能判断选择使用哪种猎枪，团队该做哪些准备，如何协作。如果不能准确定义猎物，用前膛枪猎取狗熊将是非常危险的。

（5）解决方案（主题定位）

确定狩猎一只狗熊之后，选择使用什么样的猎枪（包含何人在何时、何地开枪）就是解决方案。如果能够准确定义狗熊的体型、体重、奔跑速度、是否受伤，就可以更精准地选择猎枪的类型、品牌甚至型号。因此，这把猎枪就是为达成项目功能目标（猎取狗熊）而提出的解决方案，对猎枪的描述性语言就是项目的主题定位。如果解决方案的主题定位不准确，方案就会跑偏，"方向不对、努力白费"。根据笔者的经验，无论是功能定位还是主题定位都应该用一句话就能清晰表达。

（6）设计推演

即使定好了使用什么样的猎枪狩猎狗熊，也未必就一定能成功。因此，为了提高成功率，还需要研究行动路线图，需要多少人，带多少发子弹，怎么跟踪，在什么地点动手，需要反复推敲演练。这就类似于设计草图构思阶段，推敲平面、竖向、动线、空间布局等细节。其实这个推演练习也是大学课程的重要内容，只不过多是纸上谈兵罢了。

（7）成果表达

在反复推演之后，就要正式实施狩猎行动了。对设计过程而言，就是正稿设计图纸的绘制与呈现，包括总平面图、断面图、效果图等。

表2-6以"丝路云锦"项目为例（详见第3.3.5节），展示从资料收集到成果表达的七步设计法的逻辑思考过程。这个过程可以通过文档清楚地记录设计师是怎么一步步得到最终的设计结果的，完整的设计过程与设计逻辑的合理性是良好设计的保证。

丝路云锦项目的七步设计法逻辑推演过程　　　　　表 2-6

序号	步骤	工作内容
1	收集资料	团队在现场踏勘了两天，收集到关于场地现状特征、产权归属、发展规划等各个维度的信息
2	梳理信息	对信息进行梳理分类，分析出资源优劣势。优势：有更新地块，有商业价值提升的空间；劣势：周边地块权属复杂，协调难度大
3	发现问题	制约这个片区发展的核心问题是交通干道将多地块割裂，人行不畅。人流不畅的结果是周边的地块发展各自为政，不能产业协同、相互借力、互促发展
4	定义问题	应打破割裂的状态，加强人行连接，激活片区内存量的空间资源
5	解决方案	通过高线桥连接，并结合各地块特征设计休闲场景、消费场景，如能实现高线公园，则发展能级会更高
6	设计推演	草图勾勒、计算，反复推演，论证线路的可行性，特别是跨金牛大道桥和跨金府路桥的落点位置
7	成果表达	绘制总平面图、效果图，制作汇报材料，演绎"丝路云锦"的推理逻辑和效果

年轻的设计师往往不重视前期的逻辑推理过程，上手就想画图，试图通过"灵感的乍现"做出好的方案，这是不现实的。有时候评审设计方案，一个问题就可能颠覆一个方案，就是因为没有坚实的逻辑根基支撑，特别是核心问题一定要在做方案之前梳理清晰。没有推理过程的创意就是无源之水、

无根之树，没有生命力。

　　景观规划设计是一个涉及前瞻性洞察（时间）、立体化统筹（空间）、跨专业协同（实施）、可持续运营（使用）的过程。景观师的逻辑思维能力是基于科学、艺术、文化、工程、经济、社会等多方面知识与经验的积累。景观师需要从项目的功能定位、基地环境、历史文脉、用户体验、技术工艺、经济效益、社会效应以及视觉美学等诸多方面构成的多维度网络中去找到支撑点，支撑点越多，逻辑推理就越严密，适应性与合理性就越强，就越容易被认可、被接受。

2.8.3　三大思维力

　　景观师要想创意如泉涌，需要扎扎实实的逻辑推理和丰富的经验积累。本节试图通过案例解析的方式解读合格的景观规划师在问题解决、建立独特性和进行情感交流三个层面所应具备的思维能力。当然，这三种思维力背后的基础能力仍是逻辑推理能力。

2.8.3.1　问题解决力

　　前述讲到发现问题并准确定义问题是解决问题的关键。对景观师来说，定义问题就是明确项目的功能定位。公园城市中的公园是解决美学问题、生态问题、休闲游憩的问题，还是与周边协同的发展问题？为谁而设计建造？用什么样的功能满足他们的需求？通常可以用简短的一句话精准概括。

　　在拿到一个设计任务的时候，有时业主方给出的功能定位是显性而明确的，有的时候却是隐性而模糊的，有时甚至是需要商榷和纠偏的。这跟站位角度有很大关系。譬如临水雅苑项目（详见第 3.4.1 节），如果按照其所在区位和城市总体规划定位，它应该是一个社区级公园；但如果以整体思维站在整个九里片区的视角，它就是 EOD 模式驱动片区发展的九里九园之一，能级要大得多。将临水雅苑与西侧的府河摄影公园和东侧洞子口老街未来的文创艺术业态联动，则其设计主题定位为"山水艺术公园"就顺理成章了。

　　再譬如，新金牛公园前区广场项目（详见第 3.3.4 节）最开始的功能定位是：白天交通通行，晚间摆摊开夜市。但如果从片区整体视角来看，将西侧新金牛公园与东侧商业综合体联通，打造一体化的"漫生活商业公园"，对片区发展的价值贡献更大。从新金牛公园到天府艺术公园之间的连通体系（详见第3.3.5节）也存在功能定位的偏差，创作本意是实现真正的"高线公园"，通过高线公园与各个地块的连通，激活各个地块的潜在价值，提升片区能级，而不仅仅是一个连接的人行通道。

发现问题是解决问题的关键，准确定位功能是合理设计的关键。根据扇形效应，哪怕是功能定位上的细微差别，设计内容也会有很大差别。不管业主的功能定位是否明确确定，作为专业设计师，我们都需要对业主提出的功能定位进行重新解读甚至重塑，这种重塑需要建立在对客观信息的充分认知和解读的基础之上。比如有一些海绵城市项目，重点应考虑如何就地吸纳雨水补充地下水，却把多数投资花在了挖沟埋雨水管道上；一些河流水系的生态修复项目，却把大多数投资花在了水利防洪、加固堤防上面，这些投资都需要进行纠偏。业主方出现上述定位偏差情有可原，毕竟海绵城市、生态修复等都属于人居环境专业领域范畴，而如果相关设计单位专业知识和职业能力不够，就会给业主、国家造成很大的浪费。能否把项目功能定位定准确，是景观师问题解决力的关键。

2.8.3.2 文化立意力

马斯洛说过，自我实现是人类的最高需求。没有文化内涵的景色，就像美丽的花瓶，看多了就厌了。文化之于设计，如同根系之于鲜花，缺乏养分的输送，再美都难以绽放。

明确功能定位之后，就要详细研究项目所在地的基地条件与文化脉络，推理出项目独特的存在形式，即主题定位，通过一句话或一个词的描述就让听者明晰你要如何做。即这种存在形式是属于此处的，而不是彼处的，是根植于这里的文脉土壤的，而不是放诸四海而皆准的。只有从独特的物理空间和文化土壤交织的"网"中生长出来的形式，才是有生命力的设计。

很多调研者在游览临水雅苑（详见第3.4.1节）时，以为"艺朵丘"是场地原有的土坡，其实不然。场地拆迁完毕之后是较为开阔的平地，只在北侧成彭立交下有一个小土坡，现有场地条件并不具备蜀韵山水的特征。利用场地纵深，只需在现有大厂房前挖一湖面，将土方堆到南侧锦江一线，则可盘活整个场地的山水资源，形成鸣泉山—百花谷—艺朵丘—锦江（图2-8-3）"两山夹一谷"的山水格局（图2-8-4），以及三个背山面水的观景面，立即提升了整个地块的意境层级（参考北宋画家李公麟的《蜀川胜概图》，图2-8-2）。

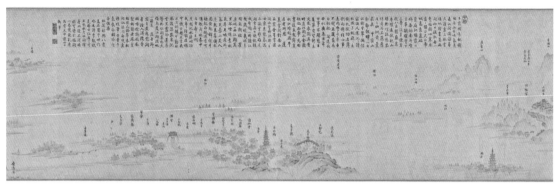

图 2-8-2　蜀川胜概图局部

图 2-8-3　临水雅苑艺朵丘堆坡断面分析

| 锦江 | 滨水开敞带 | 林间活动带 | 背景丘林带 |

图 2-8-4　临水雅苑山水空间模式分析

　　临水雅苑引领沿锦江两岸的整个九里片区（详见第 3.3.1 节），复兴蜀韵山水的文脉特征。通过对总体景观意象及气质内涵的抽象化概括，以"锦江双脉织九里，花影水韵漫生活"为总体创意主题，通过蜀锦的编织意像串起人行主环路与立体道路，将分割的 9 块绿地编织成为一个有机整体。"花影水韵漫生活"正是延续着蜀地的生态美学意境和生活方式传统，滨水空间再现刘禹锡所描述的"濯锦江边两岸花，春风吹浪正淘沙。女郎剪下鸳鸯锦，将向中流匹晚霞"的场景意境。这正是文化立意力的体现。

2024 年成都世界园艺博览会园区规划中（详见第 4 章），主创团队洞察到世园会规划应延续太阳神鸟的文化立意，形成神鸟飞翔于蓝天（世园东侧天府机场的造型创意来源于太阳神鸟）、翘望于山巅（世园西侧丹景台的立意也来源于太阳神鸟）、栖息于河川（世园会选址于绛溪河河谷及两岸）的文化脉络延续（图 2-8-5），恰与本届世园会"公园城市、美好人居"的主题相吻合。因此，规划以"神鸟栖川·织锦绣，芙蓉花开·越千年"为文化立意进行创作，以太阳神鸟和芙蓉花两大 IP 演绎成都从古蜀文明、农耕文明到现代文明三个时代的文脉延续（不包含未来文明），向世界展示川蜀地区人与自然、人与动物的和谐共生画卷。

"神鸟栖川·织锦绣"意指太阳神鸟从天上来到人间，从古蜀遗址来到龙泉山东麓，因钟情这里的蜀山蜀水和宜居环境而栖息于绛溪河谷，护佑未来之城（东部新区）。

"芙蓉三醉·越千年"有三层意思：① 重瓣芙蓉花，清晨初开时花冠洁

图 2-8-5 成都世园会文化立意分析

白，逐渐转变为粉红色，午后变为深红色。因花朵一日三变其色，故名"三醉芙蓉"；② 意指成都平原从古蜀文明、农耕文明到现代文明的三个发展阶段（未包含未来文明），历经数千年，创造了独具特色而辉煌异常的川蜀文化。本次设计从最萌乐（古蜀文明），最川蜀（农耕文明）、最国际（现代文明）三个大区来展现数千年川蜀文明的独特魅力；③ "三醉"还意指游客将陶醉于蜀韵山水，醉心于川蜀文脉，醉意于乐观巴适的生活方式，打造一届重视全方位运营理念的世园会。

通过前文对临水雅苑、九里公园以及成都世园会的创作立意分析，我们发现文化立意可以赋予项目以灵魂和独特性，这个景观只属于此处，而不能搬到他处。

2.8.3.3　艺术想象力

设计师对本土文脉的理解与提炼非常之重要。脱离了本土文脉的设计就会导致"千城一面"，脱离了本土文脉的设计就是无源之水，没有信服力，缺乏生命力。文化立意的初级层次是生搬硬套的符号表现；中级层次是从物理空间和文化土壤交织的"网"中逻辑推理而来的内涵表达；而更高层次来源于创作者的文化体验与艺术想象的共鸣。

（1）艺术想象

新金牛公园前区广场项目（详见第 3.3.4 节），基地位于金牛大道下穿路段上方，站在基地向南北两端远望，分别是北二环立交与北三环立交，车辆沿高架坡道向基地方向驶来；基地东西两侧，高低错落的楼房耸立。场地整体呈现出川西河谷坝子的山水意境，笔者团队称其为"城市山谷"（图 2-8-6）。

此次的城市"山谷"与源于西岭雪山的水脉和山脉是一脉相承的。山谷里的鲜花随季节次第开放，也暗喻茶店子片区的城市更新项目逐步落地开花，一派繁荣朝气。山谷里的商业与休闲建筑轻盈通透，将龙湖天街、时代天镜两个商业综合体的商业与新金牛公园的生态景观融于一体。成都年轻人的户外休闲式社交从下午五点多开始，一直持续到午夜，清风、明月、花香与朋伴，让人流连忘返。此情此景，引发笔者以诗意概括："岷水源，西山脉，悠谷芳柔次第开。斜阳里，明轩外，清风揽月最徘徊。"

从新金牛公园到天府艺术公园（详见第 3.3.5 节），中间需穿过金牛大道、金府路（2.5 环）、北三环立交，可谓是"万水千山阻隔"。由此联想到古代

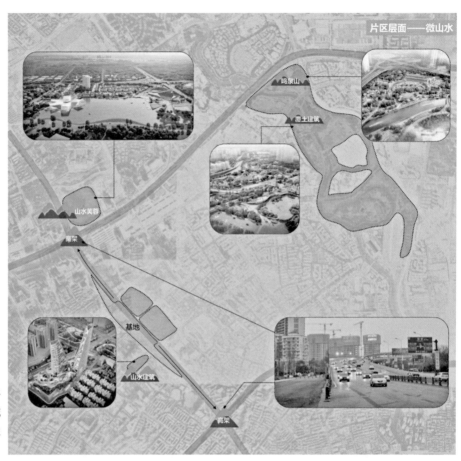

图 2-8-6 新金牛公园前区广场"城市山谷"艺术想象分析

从成都平原北出关中平原，再向外延展丝绸之路的"蜀道难"。因此，本次规划以人行优先的理念，设计一座长约 1.5km 的空中连廊，跨越北三环、中环路和金牛大道，将茶店子片区相互隔离的四大公共开放空间连成一个整体。这条空中连廊借喻成都古丝绸之路，恰似一条随风飘舞的"蜀锦"，故名"丝路云锦"。

这段丝路云锦巧妙解决了新金牛公园与天府艺术公园的步行人流舒适通行的问题，还可以进一步连接周边的产业、商业、居住与商务空间，真正实现公园城市以步行优先的发展理念。丝路云锦不仅是人行连廊，更提供给人们观察城市的不同视角，沿途设计多元有趣的漫生活场景。

（2）文化共鸣

在小北区景观风貌控制导则中（详见第 3.3.3 节），将其定位为"蜀韵山水特色的智雅花园小城"。之所以如此定位，正是基于其产业特色智能科技＋风貌特色蜀韵智雅花园，与成都历史上的产业特色"锦城"＋风貌特色"蓉城"，二者具有穿越时空的类比共鸣。通过文化的广泛共鸣让社会各界理解风貌特色定位并共同创建、维护这一特色。笔者团队在 14 年前的杭州千岛湖景观风貌控制概念规划中，也曾用到这一手法。

千岛湖地处浙皖交界，与传统江南隽秀气质一脉相承，独特的湖泊山水资源宛如一幅江南水墨山水画卷，被世人称为"天下第一秀水"。团队通过长时间的现场踏勘与实地感受，将千岛湖景观风貌主题定位为"一城山色半城湖，游笔波墨千岛中"。

"一城山色半城湖"道出了千岛湖城市优美动人的自然风光与城市格局（图 2-8-7），本身具有鲜明的特色和独特的韵味；"游笔波墨千岛中"则体现了规划将千岛湖城市总体风貌定格于犹如中国水墨山水画般的淡雅宁静、含蓄内敛的城市气质和灵魂（图 2-8-8，千岛湖犹如水墨山水画般的气质）。

正是"一幅山水画"的艺术想象与"两句山水诗"的意境表达高度契合，准确定位了千岛湖具有本土文脉特征的景观风貌。后来，所有参与千岛湖建设的政府官员、开发商、设计师、建筑商和普通老百姓都达成了高度的共鸣，自觉自发地保护其水墨意境，从而保证了千岛湖的开发建设有章可循，延续了其独特的美和旺盛的生命活力。

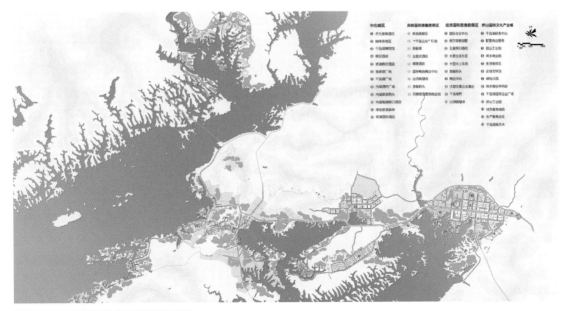

图2-8-7　千岛湖风貌控制规划总平面

图 2-8-8 2008 年笔者在千岛湖中心湖区调研的水墨意境

（3）文化碰撞+艺术想象

如果在项目的创作推理过程中，能够进行多元文化的交流与碰撞，并融合设计师丰富的艺术想象，就更有利于优秀作品的产生。

笔者毕业后进入澳洲 PTW ARCHITECTS 工作，有幸亲历了水立方与奥运村的设计过程。其中国家游泳中心"水立方"的创意推理过程堪称经典。当时从上位规划就已经确定，国家体育场和国家游泳中心位于奥林匹克公园中轴线的东西两侧；且当时国家体育场"鸟巢"的方案已经确定。这些都是限制条件，其实也是有利的外部参照。

中澳联合设计团队从各自的文化思维视角联袂推理出一个毫无争议的中标方案：中方团队提出，东方文化崇尚"天圆地方"，既然鸟巢是一个圆形的，那么在首都中轴线的另一侧应该是一个方形的建筑；既然鸟巢是钢结构编织的具有阳刚之气的"鸟窝"，那么游泳馆应该是柔美的、轻盈的，阴阳调和嘛。但是，如何让一个方形建筑体现柔美与轻盈确实是一个难题。那么，什么东西最轻盈呢？有一天，澳方设计师偶遇小朋友吹泡泡，又由泡泡想到了水分子（图 2-8-9），"如果能用水分子组成一个立体的方形建筑，一定是世界上最轻盈的建筑"。至此，"水立方"的概念基本生成。这个逻辑推理的过程是文化交流与碰撞的结晶，也离不开设计师丰富的艺术想象。"水立方"与"鸟巢"共同组成了完美的古都北京新地标形象（图 2-8-10）。

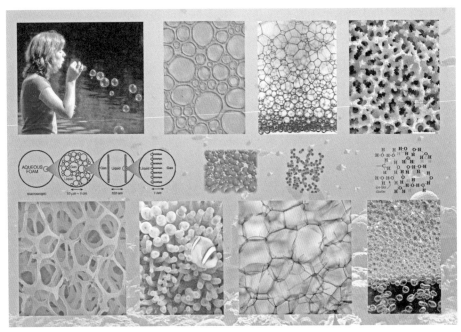

图 2-8-9　水立方的概念生成分析

图片来源：PTW AR-CHITECTS

图 2-8-10　北京中轴线上的两大地标——鸟巢和水立方

2.8.4　总结与展望

从上述案例解析过程可以发现，设计方案的创意过程并不复杂，设计师的思维力也并不神秘，只需按照逻辑推理的方法论按部就班地勤加练习、勤加积累，就可以"将事物联系起来"，形成创意。景观师的三种思维能力中，问题解决力是基础，文化立意力是提升，艺术想象力是升华。这三种思维能力并不是孤立存在的，逻辑推理是三种能力背后共同的"法门"。脱离了逻辑推理就会"隔靴搔痒"，无法真正有效解决问题；脱离了逻辑推理的文化立意是文学创作，而脱离了逻辑推理的艺术想象是艺术家的自我表达。

景观学是一门解决土地环境问题的实用学科。"景观"作为土地场所的问题解决方案，要求景观师具有解决问题的逻辑推理能力；"景观"作为人类的愿望与梦想在大地上的投影，还要求景观师具有深厚的文化底蕴、丰富的生活体验以及感人的艺术想象。期待广大的景观设计同行们能够不断修炼自己，创作出更多、更好的景观作品，疗愈大地的创伤，承载人们的希望与梦想！

第 **3** 章

公园策规引领的设计转型 I
——策动城市更新

3.0 引言

公园城市理念下的公园已经不同于传统的城市公园，形态上不单是城市中的"绿色孤岛"，功能上也不局限于生态与游憩，在业态上更加多元灵活，在运营模式上更加市场化。公园将成为城市更新和城市活力的策源地。因此，应转变城市公园的设计视角与设计思维，加强前端的策规设计和后端的运营设计。

在前端，应当更加重视公园在片区可持续发展中的策动引领效应，要在公园设计之前增设策划定位与规划环节，即策规一体化设计（以下简称策规）；从核心矛盾、切入角度、理念策略、设计手法都应作出相应转型调整。在后端，应当加强公园自身以及公园与周边物业的可持续运营设计，包括产业业态规划、运营模式、管理模式、投入产出模型等内容。未来应以市场化运营达成公园的公共产品供给与商业价值转化之间的平衡。事实上，更高能级的策规一体化设计应包含后端的运营设计，以运营诉求反推策规体系的建立，以终为始。

道理不如故事，天边不如身边，实践是最好的探索路径。本章力求以叙事方式详细回顾、复盘近几年笔者团队在成都的公园设计探索历程，从前端的策划规划一体化探索到中段的设计施工一体化探索，再到后端的可持续运营探索，探索实践涵盖了公园的全生命周期。策规核心解决愿景感召力的问题，EPC核心解决落地推动力的问题，运营核心解决持续生命力的问题。只有每一个环节都健康运转，才能培育出一个健康鲜活的公园城市生命体。

为了更好地展现探索观点，本章采用对比研究法，集中选取关联度和对比度比较高的项目案例，向读者原味展现出认知差距所带来的建设效果和效益差异；通过对比剖析其中的优劣得失与思考思辨，揭示实践背后的底层逻辑，以期令读者重新认识公园与公园设计，最终目标是希望社会各界达成认知共识，共建具有我国特色的公园城市。

本书选取的实践案例均位于我国公园城市转型第一城——成都，且位于成都非常具有代表性的两个区域：

一个是城市更新片区（成都"中优"[①]北城区）的若干公园实践（图3-0-1~图3-0-3），通过对实践中关键矛盾问题的解读，探索以公园为代表的城市公

---

① 2017年4月25日，中国共产党成都市第十三次代表大会提出成都"东进、南拓、西控、北改、中优"城市发展战略的"十字方针"。具体解释详见成都市人民政府网站 www.chengdu.gov.cn。

做局部之前，先定位整体；
做片区之前，先定位城区。

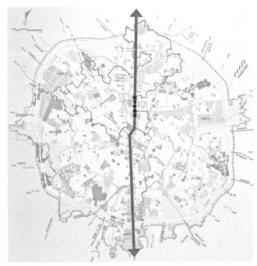

图 3-0-1　北城在成都的区位[①]

图 3-0-2　本章项目实践在北城的区位示意[②]

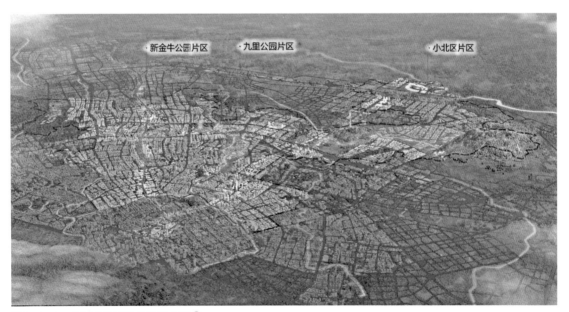

图 3-0-3　北城金牛区总体鸟瞰示意[②]

从一个城市公园开始，谋划策动一个城区的"公园城市"变革……
变革，不只发生在城市空间上，更是思想认知上的……

① 底图摄于成都市城市规划馆。
② 底图来自成都市金牛区规划和自然资源局，以下简称金牛规自局。

共空间在城市更新中如何体现出策动价值，如何规避从策划规划到设计营造全程中的若干弊端、陷阱与不足，以实现实施效果、效率与效益的最佳。

另一个是新城片区（成都"东进"东部新区）的公园城市实践，以重大项目 2024 成都世界园艺博览会园区策划规划的创作逻辑解析，探索公园城市理念下，以 EOD 项目为核心动力策动牵引新城开发的可能性，并探讨有效的规划策略、实施方法与路径，以期对类似大型项目的投资建设有所启发。

3.1 缘起、背景与机遇

3.1.1 缘起——一个城市公园的设计

最初的设计任务是成都北城"临水雅苑"公园设计，基地位于北三环成彭立交南侧、成都母亲河锦江以北，占地面积约 12 万 m²（图 3-1-1）。基地现状主体为工业化时期形成的简易仓储物流基地及部分废弃的厂房，沿北三环一侧留有一片川西风格的仿古建筑园林，林木茂密。

根据原有规划设想，将拆除场地上的大部分老旧建筑，建设城市公园。如果单从"临水雅苑"自身来看，将其定位为为周边居民服务的社区公园，实现生态环境的改善和居民的游憩功能是比较适宜的。但如果以公园城市模式和片区整体发展逻辑（思维方法参见第 2.2.2 节）来审视，答案会截然不同。

图 3-1-1 临水雅苑基地原状分析

3.1.2　区域大背景——"铁半城"的前世今生

临水雅苑所在区域称为九里片区（锦江沿岸北二环至北三环之间段，图 3-1-2），这里曾是诸葛亮治水的九里堤遗址所在地。临水雅苑基地周边的城市区域原状总体形象欠佳，锦江两岸分布着被城市道路分割的斑块状绿地、孤立高耸的封闭社区、纷繁杂乱的商贸市场，相互之间以及与周边的功能用地之间不协调且缺乏联系，犹如一座城市孤岛。这一城市片区落后的环境面貌是典型的快速城镇化早期的遗留。

在此之前，这里曾经一度非常辉煌。因靠近成都火车北站，周边区域内有成都铁路局、中铁二局集团有限公司（以下简称中铁二局）、中铁二院工

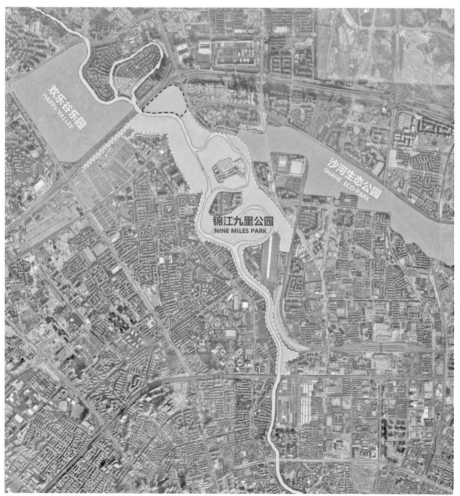

图 3-1-2　临水雅苑与九里公园片区关系示意

程集团有限责任公司（以下简称中铁二院）、中铁八局集团有限公司（以下简称中铁八局）、中铁科学研究院、西南交通大学等大型涉铁企业、科研院校和交通设施，从 20 世纪 50 年代开始就有了"铁半城"之称。涉铁企业数量之多、规模之大、业态之复杂，在成都城区中具有显著特点。改革开放后，依托火车北站的对外交通枢纽功能，孕育了北城兴盛的商贸业，片区内拥有荷花池日用百货市场区、五块石综合市场区、金府生产资料交易区、府河桥建材交易区等八大类专业市场，最高峰时市场数量达到 145 个，其数量、体量以及成交额均占据成都市城区市场半壁河山。[①]

近年来，随着电子商务的发展、产业经济的转型升级和新一轮的城市更新发展，老的落后的市场业态逐步外迁或被淘汰，新的产业业态尚未形成，而且产业发展方向尚不明确，产业空心化导致年轻人外流、老龄化明显，现已呈现出了相对落后的城市面貌和较为严重的城市发展危机。

而且，近年来成都市的重点发展方向是南向的天府新区和东向的东部新区。笔者调研（2019 年）发现成都百姓对城北的金牛片区普遍缺乏发展信心，这从房价上就可以反映出来：九里片区附近的房价为 1.7 万元 /m² 左右，而距离天府广场南向等距离的天府新区的房价为 3 万元 /m² 左右。多年来，成都民间流传着"南富西贵，东穷北乱"的顺口溜，民众对城市发展格局的戏谑之词虽不准确，但也多少反应出一部分社会现实。成都民间还有一句顺口溜"躺的有多久，站起来就有多快"，成都北城的"铁半城"有没有"弯道超车"的发展机遇呢？

3.1.3 发展机遇洞察——梳理出 10000 多亩土地

成都公园城市理念提出以来，金牛区已梳理出待拆迁更新土地 10000 多亩（约合 670hm²）（图 3-1-3），这还不包括凤凰山机场城市灰斑（已确定搬迁）及小北区老工业园片区。这是金牛区未来二次腾飞最宝贵的空间载体资源。因此，如何谋划顶层设计，采用什么样的策略、模式、路径进行城市更新就显得至关重要（可参考第 2.6 节）。

---

① 资料来源：打造现代物流基地 金牛占尽天时地利. 2007-4-29 15:37:00 来源：物流天下. http://www.56885.net/news/2007429/20405.html。

北接南引
西扩东展

■ **待拆迁更新区域**

图 3-1-3　九里公
园周边的待更新区
域示意

3.2　策动北城系统复兴

以往的城市更新多以单个地块、单个工程建设项目的方式碎片化推进，很少对整个片区或城区形成一个整体、清晰而稳定的蓝图定位，这并不利于特色城市形象的形成。

城市更新的核心在于产业更新，产业业态取决于人才结构，吸引优质人才首先要有优质的宜居载体。这与公园城市"人—城—产"的底层逻辑高度契合。临水雅苑的建设目标是成为公园城市逻辑转换下的引领者，应将其置于成都北城城市更新的大背景下进行审视，以北城的整体战略定位统领临水雅苑的个体定位。因此，在对临水雅苑展开设计之前，我们首先以大系统思维（详见第 2.2 节）对成都北城的公园城市建设目标进行了三个方面的系统构建探索：产业发展复兴、文创艺术复兴和山水文脉复兴，以重塑金牛区的城市形象，营销城市品牌[63]，吸引创意阶层，全面复兴北城。

从实施的角度来看，要较好地达成上述目标，优选之路是以系统思维构建策规引领的 EPC ＋ O 服务体系（详见第 3.2.5 节）。虽然这种服务模式面临种种挑战，过程也异常艰难，但其独特优势代表着未来的趋势。

3.2.1 系统构建 1——产业发展复兴

　　城市片区更新需要经济基础和价值驱动，土地增值、房产开发往往是地方政府进行城市更新的直接动力，但这样的价值实现往往后劲不足；城市发展更长久、更可持续的动力来源是产业的发展。城市更新的逻辑不在于刷新的建筑表皮、漂亮的街道或是璀璨的光彩工程，而在于产业更新，因为产业发展才是推动城市空间变革的主导力量，没有产业复兴的城市空间规划是无源之水、无本之木，没有产业复兴支撑的公园城市就没有生机活力。

　　团队研究发现，在北城金牛区现状产业格局的基础上进一步梳理完善，将可形成四大产业功能带（图 3-2-1）：① 两江环抱区域[①]的历史文旅带；② 北二环与金牛大道沿线的科创商务走廊；③ 北三环沿线的文创艺术走廊；④ 宝成铁路沿线的新型工贸走廊，这几乎自然生长起来的产业格局已近乎形成一个后工业社会的城市产业生态系统。

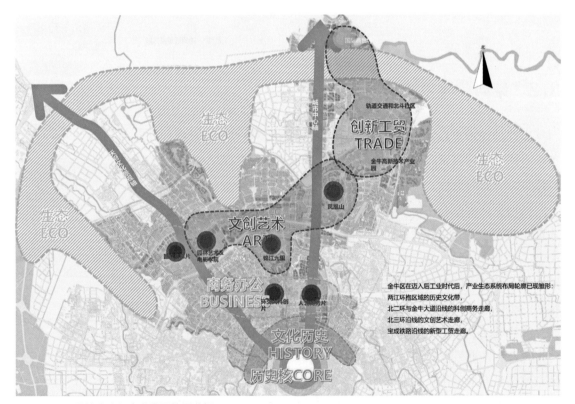

图 3-2-1　北城金牛区产业发展格局分析

―――――――――
① 成都中心城区两江环抱区域范围由府河、南河、饮马河和西郊河围合而成，本书指金牛区辖区内的两江环抱区域。

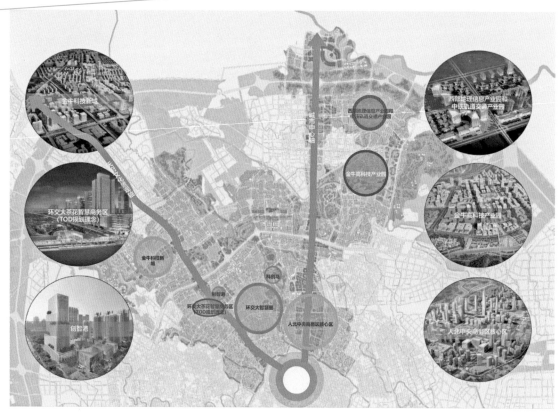

图 3-2-2　北城创智产业布局示意

其中，依托中铁二院、西南交通大学等科研院所的人才和技术优势，已形成工业总部聚集区＋中铁轨道交通产业园、"北斗＋"产业园、人工智能产业园的"一区三园多点"发展格局（图 3-2-2），重点发展轨道交通、北斗应用、人工智能、生物医药"四大方向"，逐步构建以产业创新孵化等业态为核心，涵盖研发、设计、智能制造、数字应用服务等全产业链的现代都市工业体系，逐步培育"北城创智"的产业形象（参考第 2.3 节）。

3.2.2　系统构建 2——文创艺术复兴

文化艺术是人类智慧的结晶，是人类文明的高级表现形式。文化艺术业态是自带光芒的产业，具有天然的能量虹吸作用。世界级城市无一不是具有高密度文化设施和独特文化魅力的城市。在后工业经济里，城市已经变成重要的旅游目的地，越来越多的城市把艺术、文化和娱乐业作为城市更新的催化剂。[60]

图 3-2-3　北城重要文化艺术设施布局示意

　　截至 2019 年底，北城金牛区沿金牛大道和北三环已建成凤凰山音乐公园、华侨城欢乐谷、成都当代影像馆、张大千故居、金牛区体育中心、规划展示馆、成都防灾体验馆等文体设施，正在兴建和规划天府艺术公园、凤凰山体育公园、保利大剧院、时代美术馆等一批有影响力的文化设施（图 3-2-3）。这些文化设施的建设规格高、布局密度大、内容丰富，未来几乎是成都五城区之最。如果场馆运营能够结合系统化、多层次、高密度的文化艺术展演和赛事活动，必将散发出"北城文艺复兴"的独特魅力（参考第2.3 节）。

3.2.3　系统构建 3——山水文脉复兴

　　曾经，诗情画意的山水在钢筋混凝土丛林面前迅速崩溃瓦解，建立起庞大的商品交易市场。在那个物欲泛滥、野蛮生长的年代，生存以丢失文明、牺牲生态为代价；而后产业迭代，电商兴起，交易市场衰落之际，这座城市又处于一种扩张、激荡和追求网红流量的兴奋之中，这种对网红的狂热，对暴富、出名的渴望，正反衬出内心的漂移和对自身文化的不自信。何时才能让迷失的灵魂找到家园？如何才能让诗意的价值传统回归？

其实，诗意与情趣一直都没有消失，它在人们心底的某一处藏匿，它需要一个时机回归。

3.2.3.1　北城之山水文脉

蜀韵山水是成都建设公园城市的天然优势资源。北城金牛区具有成都城区范围内少有的山体资源，且处于城市的上风上水之地，区内山水与成都平原的大山大水一脉相承，是成都五城区里最有潜质的山水文脉城区。

从成都平原的大山大水（龙泉山、龙门山两大山脉，岷江、沱江两大水系，图 3-2-4），到金牛城区的中山中水（凤凰山、天回山两座山，锦江、东风渠等水系，图 3-2-5），如果在平淡无奇的城市公园场地内引入微山微水的诗情画意，则能延续一脉相承的川情蜀意（详见第 2.7 节），这正是川籍山水画大师张大千画笔下的山水（图 3-2-6）。张大千在充分吸纳西洋绘画的基础上，大胆地对中国山水画进行改良，将大绿大蓝等颜色，植入山水画之中。最后在继承传统的基础上发展了泼墨，创造了泼彩、泼彩墨艺术，开创了大千画派，成为举世闻名的国画大师。张大千在大陆最后的居所——张大千故居，就位于成都北城金牛宾馆内，历史的巧合背后其实有一种内在的必然性。

图 3-2-4　成都平原的大山大水示意

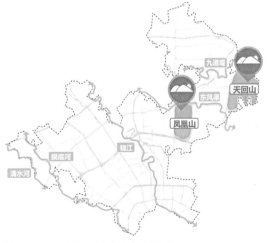

图 3-2-5　金牛区的中山中水示意

图 3-2-6 张大千
的泼墨山水画意境

3.2.3.2 北城之"翡翠项链"

对标世界著名"翡翠项链"城市波士顿和明尼阿波利斯，构建北城区的慢行连通体系。

波士顿的"翡翠项链"公园体系：由美国现代景观之父奥姆斯特德主持规划，是美国最古老的公共公园和公园道路系统之一。它由相互连接的 9 个部分组成线性公园和公园道路系统，全长约 16km。它们并不是国内常见的"绿地＋广场式"的传统城市公园，而是多个功能不同、主题各异、特色鲜明的绿色空间的联结，并将城市商业区、文体休闲场所、历史文化遗址等与公园绿地通过线性廊道有机连接起来，统合公园与城市生活形态的方方面面，共同形成一个开放的和谐整体。

明尼阿波利斯"翡翠项链"公园体系：全长约 40km，与波士顿"翡翠项链"几乎是同一时期公园运动的产物，最大的特点是"水"，7 个主题分区中有 5 个区都与水密切相关，沿滨水带设置步行道、慢跑路、自行车道、旱冰路和风景公路，是一个连续的开放体系，并与周边社区内道路融为一体，保证了整个体系的可达性。当人们以 5km/h、15km/h 及 40km/h 的不同时速环游其中时，可以获得不同尺度的景观体验。

金牛区"翡翠项链"体系

以公园城市理念为引领，在大量实地踏勘的基础上，我们逐步勾勒形成了金牛区的"翡翠项链"体系（图 3-2-7），呈现出如下三个方面的特点：

① 在缺少公共空间的老城区，沿着滨河岸线，通过拆围建绿、架设栈道、腾挪补偿等策略可形成绿色步行环线，连通步行回家的路、上学／上班的路；

②"翡翠项链"连通产业、商业空间，沿途增设各种活力场景，引领和带动北城"新经济"；

③ 以北三环 50m 绿带为连接，可连通大小两个"翡翠项链"。

"小项链"：串联天府锦城（指两江环抱区域）和北三环，沿锦江—饮马河—桃花江—四斗渠—新金牛公园—老金牛公园—北三环 50m 绿带，全

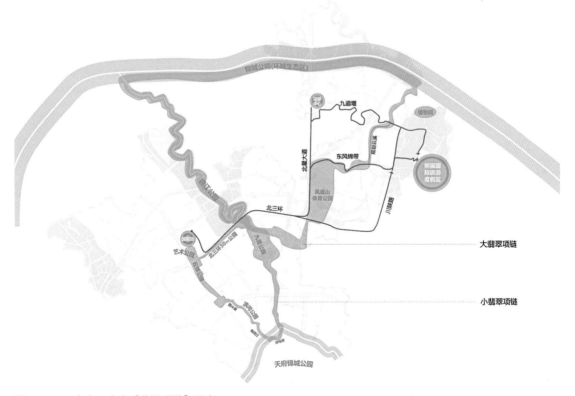

图 3-2-7　金牛区大小"翡翠项链"示意

长约14km。"小项链"贯通老城人口密集区，其中西南滨河段（饮马河—桃花江—四斗渠，部分河段穿过小区，部分段为地下暗渠）现状复杂，绿带较窄，需要政府部门进一步调研疏解，连通之后将效益显著（目前尚未立项建设）。可骑自行车或徒步逛成都四大城市能级公园——天府锦江中央公园（历史）、天府艺术公园（艺术）、华侨城欢乐谷（乐园）和锦江九里公园（文创），并与四大产业商务区（人北、交大、茶花和国宾片区）连通上班—回家的路。

"大项链"：连通北三环和锦城公园（指北四环环城生态带），沿北三环50m绿带—锦江沿岸—锦城公园环城生态带—九道堰—东风锦带—凤凰山公园，全长约40km（可作为全程马拉松训练赛道）。可骑自行车或徒步逛成都六大城市能级公园：华侨城欢乐谷（乐园）、锦江九里公园（文创）、凤凰山音乐公园（音乐）—凤凰山体育公园（体育）—成都市植物园（科普）—熊猫星球国际旅游度假区（度假），并与四大产业功能区（人工智能产业园、中铁轨道交通产业园、"北斗+"产业园、商贸城）连通上班—回家的路。

3.2.4 品牌营销——北城形象重塑

前文通过对北城金牛区在产业发展、文创艺术和山水文脉三个方面的资源进行梳理、提炼和系统构建，基本勾勒出金牛区的未来画像——山水城区＋艺术城区＋创智城区（图3-2-8）。

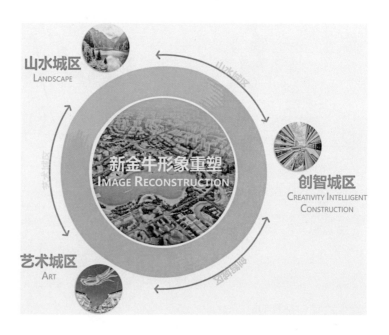

图 3-2-8　新金牛新形象塑造

纵观世界级城市的发展历史，城市形象定位非常重要，其未必一定要与现实世界完全吻合，但它的价值是传递出对未来的美好憧憬，指明努力的方向，逐渐改变城市在人们心智中的模式。这是扭转成都人民对北城衰败落后的"铁半城"传统印象的重要一步（参考第 2.3 节）。以公园城市建设为契机，重塑新金牛形象，营销城市品牌，吸引创意阶层，全面复兴新北城！

以上是我们在临水雅苑创作之前就形成的对成都北城"公园城市"建设目标的整体构想，在这个整体构想的框架下，再展开一个个具体建设项目的设计服务，就会事半功倍。需要指出的是：在整个设计过程中，业主方并未对上述研究进行委托或提出过需求，但我们认为这是必要而正确的事儿。"多做一点点""超越客户期望"是景观师的职业能力（详见第 2.4 节）被社会逐步认知、认可的开始，需要我们不断付出额外的努力，推动景观业的进化（详见第 2.5 节）。

3.2.5　实践探索——策规引领的服务体系

纸上得来终觉浅，绝知此事要躬行。笔者常用一个比喻来说明实践的重要性："只吃过猪肉、看过猪跑，就教人家养猪是不道德的；只有自己亲自下场养过猪，才靠谱！"

前文第 2.5.4"景观机构的三层进化"一节分析了国内景观设计机构的三种服务模式，即 1.0 单专业服务（景观设计）、2.0 半集成服务（策规一体化、设计施工一体化）、3.0 全过程服务（策规引领的 EPC ＋ O）。从业以来，笔者亲自参与上百个设计、施工项目，面积跨度从数百上千平方千米的大型策划规划项目，到数百几千平方米的景观营造一体化项目，甚至是苗圃种植、选苗，几乎亲手操作过"养猪"的每个阶段、每个细节。亲身经历之前和之后的认知感悟是截然不同的，可以说最高的那张王牌和最低的那张底牌，我都摸过了，因此，心里很有底气。我们已经具备了提供 3.0 综合服务的能力和经验。因此，当成都的公园城市建设机遇降临时，我们得以有机会分别提供了 1.0、2.0 和 2.5 三种类型的设计服务。

所谓设计服务 2.5 是指没有完全实现全过程综合服务，主要问题出在运营上，公园城市的商业化逻辑与"国有资产建好再招商的刚性约束"[64] 之间的矛盾难以解决。一方面，市场端的合理状态应是在策划规划阶段就确定好商业业态，有针对性地进行招商，根据业态特征和商家的个性化需求进行商业物业的设计和建造。特别是有影响力、自带网红流量的优质"首店"商家，对选址、空间、调性都有自己的严格范式。另一方面，制度建设跟不上现实需求，公园、绿道中的经营类配套建筑只有在建成之后才能办理相关产权手续，进行资产评估和物业租金定价，否则容易被扣上"国有资产流失"的大帽子。因此，在现有体制约束下，按照市场化、商业化逻辑进行招商前置是有相当大难度的，需要建立"未建先招"的国有资产出租运营新机制。因此，我们在成都公园城市建设探索中，实际止步于"策规引领的EPC"。

在具体项目实践中，宏观层面上，我们以POD发展理念进行了三个片区的策规实践，分别是九里公园片区、新金牛公园片区和小北区片区，以公共空间的策规策动片区的城市更新。其中，以九里公园的发展型策规（详见第3.3.1节）为策源，实施了临水雅苑（详见第3.4.1节）和亲水园（详见第3.4.2节）两个单体公园的EPC总承包；在新金牛公园片区策动了两个实施项目：悠竹山谷（详见第3.3.4节）和丝路云锦（详见第3.3.5节）；在小北区片区，以总体景观风貌策规（详见第3.3.3节）和东风锦带发展型策规（详见第3.3.2节）为引领，承担了一期创智公园的景观设计（详见第3.4.3节）和云溪河的方案设计工作（详见第3.4.4节）。

本章将分别从半集成服务POD策规一体化和EPC总承包两个层面（图3-2-9），以成都北城的项目实践案例，深度解析第1章和第2章所介绍的公园城市的认知转变、模式转变、思维转变和实践方法转型，以期对读者有所启发。

图3-2-9　策规引领的EPC项目关键环节与核心价值分析

3.3　POD 策规一体化实践

策规一体化解读：

① **策划是定方向的。** 通过对项目的独特性、差异化的挖掘，确立形象定位和发展方向，并对产业、业态、运营、管理等实现路径进行预先谋划。方向不对，努力白费。

② **规划是定布局的。** 基于场地的山水格局、资源条件，结合策划内容进行空间落位、统筹布置，以求资源利用最合理、综合效益最优解。布局缺陷，发展受限。

③ **策规一体化。** 策规是基于现实的理性浪漫，以策规为蓝图策动和统领，确保创意延续，实现愿景目标与基地资源的有效匹配，避免策划创意在规划阶段衰减。

本次选取了成都北城三个片区的 EOD 策规案例：九里公园片区（锦江九里公园）、小北区片区（小北区景观风貌和东风渠沿岸公园，金牛段称为东风锦带）和新金牛公园片区（悠竹山谷和丝路云锦）。其中，锦江九里公园与东风锦带策规是引领和驱动片区可持续发展的发展型策规，小北区景观风貌策规是引领和控制城市景观格局与城市形象的风貌型策规，悠竹山谷是具体投资项目的投资型策规；而丝路云锦既是一个具体的投资项目，又具有引领和驱动片区可持续发展的价值，可视为综合型策规。前两种策规面积大，涉及内容复杂，多数业主方理解并认可应当为此类项目单独立项、付费；而后两种策规面积小，往往业主方认为直接委托勘察设计就可以了，无需再为策规单独付费。如果以项目建设类比打仗，无论战役、战斗规模大小，如果没有侦察兵的情报和参谋部的分析，直接让步兵冲锋，胜算几何？社会越来越进步，投资越来越理性，策规的价值也将进一步凸显。投资无大小，策规来策动。

3.3.1　锦江九里——发展型策规 [①]

3.3.1.1　基于系统思维的洞察与研判

（1）真实需求洞察

"临水雅苑"周边沿锦江两岸是多个已建公园和待拆迁建公园的地块，

---

① 本项目荣获 2021 年度上海市风景园林学会优秀风景园林规划设计二等奖。

公园外围是大片待拆迁更新的商贸市场。从综合效益的角度讲，应以大系统思维（详见第 2.2 节）定位，构建片区的空间发展框架，使公共开放空间与周边功能区加强互动，带动区域活力的提升和土地的升值，从而形成片区城市更新的动力，即以 EOD 模式驱动片区更新发展（即从锦江九里公园的策规开始策动）。因此，表面上看，当地政府需要的是"临水雅苑"这一城市公园的景观设计服务，而实际诉求却是"公园城市"背后所需要的片区发展动力。如果景观规划师仅提供"临水雅苑"红线范围内的绿地设计，其公园能级可能只是社区公园级别的，锦江九里片区就失去了"弯道超车"的机遇。这对片区的发展来说将是莫大的损失和遗憾。

（2）设计任务研判

基于上述的洞察与研判，团队与业主商讨应当对基地所在的锦江九里片区的未来发展进行整体谋划，并对基地周边更大范围内的城市更新进行梳理研究，目标是确立片区发展的顶层蓝图和实施路径，即应在"临水雅苑"公园进行设计之前，展开如下两个层面的工作：

第一层面为研究与策划。主要目的是确定锦江九里片区的产业结构调整方向与宏观发展策略，以明晰和建构九里片区城市更新的驱动力。研究范围为锦江沿线约 7.92km^2［金声桥—五丁桥—槐树街（西郊河）、红星桥，图 3-3-1 左］。

图 3-3-1　策划研究范围示意（左）与景观规划范围示意（右）

第二层面为锦江沿线（北二环与北三环之间段）约 176hm² 公共空间的景观规划设计（图 3-3-1 右），主要目的是确立公共开放空间的总体定位、空间骨架与功能业态布局。

3.3.1.2　基于系统思维的片区比较优势

以资本的三级循环理论分析，九里片区的城市发展早已经历了快速城市化阶段而处于衰败期，要扭转衰败的痛苦局面，需尽快进入资本的第三级循环即社会消费服务时代。因此需要清醒地认识到九里片区正处于从工业时代向后工业时代迈进的关键时期。

城市更新的核心动力在于顺应发展规律的产业更新，即创新驱动的新经济领域。这些新经济、新产业一定是围绕知识经济和创新经济展开的；而发展新经济一定要吸引或培养新一代的知识青年，这也是近几年各大城市"抢人"的主要逻辑之一。

同时，九里片区是成都市区的房价洼地之一，业已形成明显的土地极差，为资本进入城市空间的再开发创造了条件。更为重要的是九里片区已经具备了再发展的四大比较优势：

（1）智力资源优势

本次研究的金牛九里片区恰恰是成都市高校科研院所最为集中的区域——西南交大、电子科技大学、中铁二院、中建西南院、中国市政西南院等科研技术机构密集，为新经济、新产业的发展提供了很好的人才资源和科研学术氛围。目前，以智能驾驶、物联网、车联网等技术应用为前沿热点的新兴产业方兴未艾，特别是西南交大的轨道交通学科优势和川藏铁路建设的契机来临，正是围绕轨道交通、智能驾驶等产业发展新经济的良好契机。

（2）土地资源优势

从九里片区发展的时空维度来看，改革开放后近 40 年的经济发展，主要业态是基于大型批发市场的商贸物流业，随着批发市场逐步外迁或被淘汰，大片城市建设用地将会腾笼换鸟，这正是城市产业结构调整所稀缺的宝贵土地资源。本次研究的锦江九里公园基地西侧的机电城区域占地约 1000 余亩（超过 66.7hm²），北侧的量子机电城区域占地约 5000 余亩（超过 333hm²），东侧的洞子口与五块石市场区域占地约 1500 余亩（超过 100hm²），南侧的火车站与木综厂区域占地约 1000 余亩，这些都是正在和即将进行城市更新的区域，发展空间巨大，潜力无限。而锦江九里公园恰处于这几个待更新地块的中间地带，具备"北接南引、西扩东展"的引爆城市能级的发展潜力。

（3）生态资源优势

成都市中心城区缺乏大尺度旅游地标，缺乏开敞空间，消费中心转型升级缺乏载体，交通组织与人口集散能力不足。成都打造锦江公园首先要解决的就是这些问题。而锦江九里堤片区沿锦江两岸可以梳理出 176hm² 公共开放空间，并且北接欢乐谷，东接沙河公园，南至青少年活动中心，并向南延伸连通天府锦城，形成一个占地面积约 4.26km² 的成都三环内最大的城市公共开放空间和生态空间，对成都北城区新一轮的城市发展意义重大，影响深远，甚至具有改写城市发展格局的潜力。

（4）交通区位优势

锦江九里公园是成都北城区的生态北门户，更是进入成都主城区的交通北门户。北向从德阳和绵阳方向进入成都的车流人流从 S105 进入成彭立交，往东西方向进入北三环；往南两个分支：一个从九里堤北路往市区方向，另一个从福源路往火车站方向，锦江九里公园都是必经之地。基地周边除地铁7 号线已开通外，将有另外 3 条地铁线环绕或穿过，交通便捷。

从发展的眼光来看，锦江九里片区已具备知识资源、土地资源、空间资源和交通区位等方面的优势发展潜力。锦江九里公园的巨大开敞空间将是成都北城空间发展框架上的明珠，也是金牛区城市更新的策动触媒。它有潜力成为北城新经济的磁力载体和引爆项目，通过以点串线、以线带面盘活整个北城的发展。

3.3.1.3　基于比较优势的产业业态规划

本次规划的锦江九里公园南接北二环科创商务走廊，北接北三环文创艺术走廊（详见第 3.2.1 节），锦江生态廊道向南北延伸。本次策规提出依托前述剖析的比较资源优势，以"科创教育驱动、文创艺术先行"的理念，在锦江九里公园内植入创意科技产业业态，打造主题性公共开放空间，以引领带动九里片区产业的发展。根据各子片区的特质和优势资源分布，规划为三大新型业态集聚区（图 3-3-2）：

①以西南交大的优势学科轨道交通为依托，重点发展轨道交通、智慧交通、物联网、大数据、人工智能等科技产业，结合诸葛庙片区城市更新的契机，打造九里科创湾。

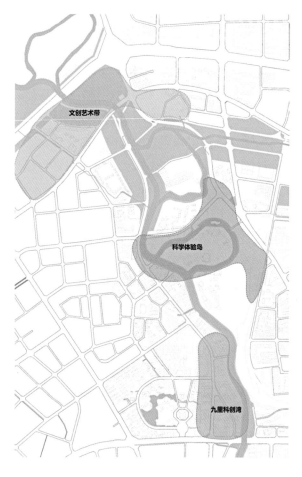

图 3-3-2　九里片
区新业态规划示意

② 以国内首家国际标准的成都防灾体验馆为引领，以青少年活动中心的预留基地为依托，集聚更多科学体验馆、创意馆、艺术中心等场馆，打造科学体验岛。

③ 以成都当代影像馆为引领，将临水雅苑内的现状厂房保留，改造为美术馆、画廊、艺术中心、大师工作坊等文创艺术业态，并向东发展至洞子口老街，以及向西沿北三环发展至金牛大道，建设成为文创艺术带。

这三大新兴产业集聚区应以政府引导、市场主导的发展模式，以"创新、集聚、IP 引领"的招商原则，在大九里公园内建立新场景、新消费、新体验，这将很快提升区域的吸引力和创新活力。

3.3.1.4　基于产业发展逻辑的规划愿景

依据资本三级循环理论，城市空间发展的核心动力来源于经济增长或产业结构的调整。[65] 锦江九里公园的空间更新应与产业经济的发展、人口质量的发展深度融合，以实现资本循环系统的良性健康运转和片区的可持续发展。因此，锦江九里公园不应仅仅定位为服务于周边社区居民的社区公园或城市绿地，它应该服务于北城全局发展的新经济、新产业，以国际交流、教育、创意、社交为主要功能定位，营造开放、活跃、包容的交流交往氛围，吸引富有青春活力的年轻力量，成为国际交流交往载体空间、城市微度假场景和成都新文旅目的地；从而引领周边区域向高端化、国际化更新，助力成都成为国际化生活城市。这是一条以小博大、以绿带业、以境升华的"公园城市"发展之路。

案例借鉴

锦江九里公园的区位和资源禀赋与墨尔本市中心雅拉河两岸公共空间（联邦广场周边）非常类似。雅拉河两岸几经更新，成就举世闻名，成为墨尔本城市魅力与活力的集中展示地。它山之石，可以攻玉。为此，我们曾亲往墨尔本实地考察，其成功经验确实值得深入研究，为九里公园及周边片区城市更新提供实践指导（图 3-3-3）。

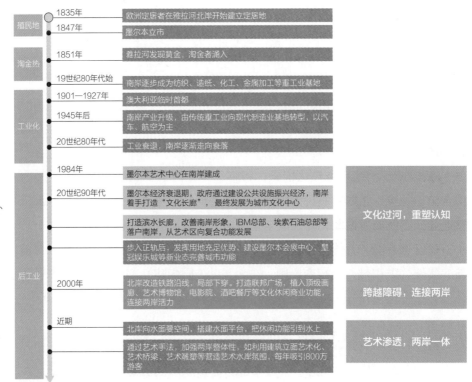

图 3-3-3　墨尔本城市之心雅拉河畔更新发展轨迹分析

3.3.1.5　基于规划愿景的更新策略

根据对基地现状的深入研究与洞察，要实现锦江九里公园上述规划愿景，需从规划、交通、风貌、业态、文化、空间六大方面，全方位立体化重构九里片区的公共空间资源，形成一个明确而有趣的系统发展框架。六大策略分别为：

（1）化零为整，九里品牌

本次规划解决的一个核心问题就是将分散割裂的绿地整合成一个大型的综合性公园，引领九里片区的城市更新。如果片区内的每个小公园都定位为服务周边居民区的社区公园，公园能级将大大减弱，对城市发展造成极大的定位浪费。因此，本次规划依据光势能原理（详见第 2.3 节），将北二环至北三环之间沿锦江两岸分布的 9 个单体公园（临水雅苑、府河摄影公园、上新桥公园、下新桥公园、亲水园、沙河源公园、青创岛、九里堤遗址、诸葛庙滨河公园）整合成一个大"九里公园"（图 3-3-4 左），成为成都市三环内最大的城市公共开放空间。对"九里"IP 化、品牌化运营—整体规划，整体包装，整体推广，整合运营，其将成为成都沿锦江打造世界级宜居滨水廊道上最闪亮的绿色明珠（图 3-3-4 右）。

（2）交通重组，缝合连接

交通重组是实现化零为整的重要保障。将部分城市道路下穿，新建地景人行桥，保证公园的连续性、完整性（图 3-3-5）。车行让位于人行，体现公园城市以人为本的基本内涵。

现状九里堤北路在新桥公园区域约 800m 长的路段将公园绿地与锦江水岸隔断，公园价值大大降低。因此，依据"城市中医原理"（详见第 2.4 节），建议将此路段下穿，以实现灰色基础设施溶解于绿色基础设施的公园城市发展理念；另有城市支路新泉路穿越亲水园和新桥公园段约 500m 长，考虑到这段道路两侧没有居民建筑，不会影响居民交通出行，建议此路段街区进行一体化设计，分时段管控。这两段道路的交通重组对锦江九里公园的整体价值提升非常重要。

如何将成都天府锦城（两江环抱区域）大流量的休闲旅游人口，通过便利的、创新性的交通方式导入九里片区以及欢乐谷，也是一个重要课题。创新的交通方式不仅是一种交通工具，也是一种非常有吸引力的旅游体验（如墨尔本的森林小火车），更重要的是可以加速锦江中央公园（天府锦城）与锦江九里公园—欢乐谷片区的旅游目的地一体化。因此，结合西南交大的优势学科轨道交通，可修建从成都339（即四川广播电视塔）到欢乐谷的新能源轨道小火车或空中单轨列车（全程约7.5km），既是新产业的窗口，又是城市旅游新体验。具体实施可将紧靠锦江岸边的汽车交通限行或取消，外移一个街区，将约6m的车行道改为新能源轨道小火车和慢行系统，锦江两岸才会成为名副其实的公园或景区概念。类似于迪士尼乐园、上海南京路步行街或旅游景区的小火车，交通本身就是一种旅游景观。局部狭窄处可以沿河架桥架空或借地借道。

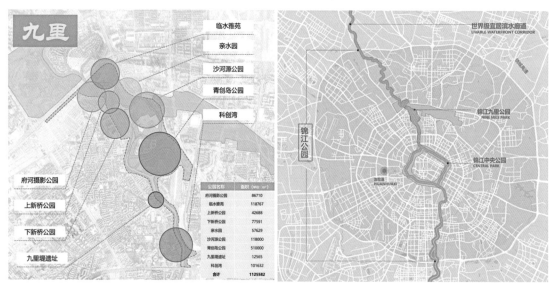

图 3-3-4 九里公园化零为整（左）及其在锦江公园中的位置与价值（右）

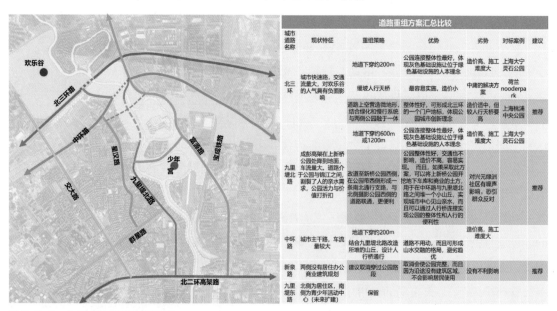

图 3-3-5 九里公园交通重组示意

另与夜游锦江线相呼应，可开设从成都 339 至欢乐谷的"欢乐水岸"游船线路。可在沿途锦江夜消费圈、木综厂地块、九里科创湾、九里堤遗址、科学体验岛、文创艺术街、欢乐谷等节点设置停靠码头。

（3）还江于民，见山亲水

锦江九里公园最重要的核心资源在于锦江水岸，水岸活，则九里兴。因此，打开水岸空间对复兴场地活力至关重要。规划地形从锦江两岸向后呈逐渐升高趋势，前面水岸开阔，后方堆土造坡（地形堆坡的土方主要来自地下车库挖方），使在场地内休闲活动的更多人可以看到水岸。可策划特色水上活动，打造品牌赛事，如锦江皮划艇国际挑战赛（从九里到都江堰）等。

还河于民，最终是要实现让人民群众从"走近"变为"走进"滨水岸线。"两岸开发，不是大开发而是大开放，开放成群众健身休闲、观光旅游的公共空间，开放成市民的生活岸线"（韩正在视察黄浦江两岸 45km 岸线公共空间贯通时的讲话）。贯通开放推动产业转型升级；转型升级反过来加速贯通开放。

（4）业态集聚，创新活力

前述规划的三个创新业态集聚区，文创艺术带基于基地原有的文脉底蕴，通过保护性改造和功能重塑，植入文创艺术业态；科学体验岛，以青少年探索求知为主要功能，植入科学艺术场馆，力求寓教于乐，激发青少年的求知欲；九里科创湾，以西南交大片区为依托，沿锦江公共空间营造科技科研氛围集。

（5）文脉传承，历史记忆

九里公园片区有两处文化遗址，一处是九里堤和诸葛庙遗址，另一处是古城墙遗址。应对遗址进行严格保护，并可建立博物馆和数字演艺的手法，通过现代科技手段再现遗址的辉煌历史，留下历史的锚点。场地内有工业时代的商贸物流仓库、木材码头与火车文化记忆，应适当保留这种文化印记，并在景观场景设计中加以发展创新。文化表达方式可取传统文化之神，用新时代创意手法加现代材料工艺讲述历史文脉故事。

（6）纵横打通，四区融合

拆违建绿，拆围修路，将蓝绿空间引入街区，将视线和人流导向锦江。用九里公园的超大空间溶解连通街区、社区、校区、园区，将九里片区建设成为一个开放的公园城市的系统标杆（图 3-3-6）。

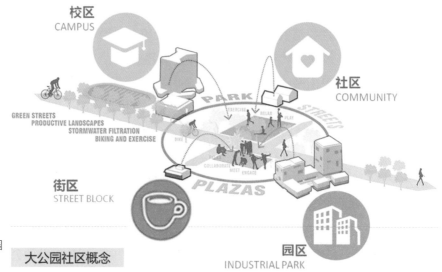

图 3-3-6 大公园
社区概念示意

3.3.1.6 基于更新策略的空间规划

（1）规划路径导向

如果锦江九里公园能够按照上述策略实施，其作为中心城区的一个巨型公共开放空间，引爆城市新一轮更新发展的能量是不言而喻的。对于项目所在地的金牛区政府来说，更新价值明确，动机足够。但由于目前的土地权属复杂、各方利益诉求多元，而且各地块的更新时机成熟度不同，在实施层面不可能一蹴而就，需要做好长期的渐进式更新的准备（参考第 2.6 节）。因此，对项目进行统一规划，确立顶层目标、绘就发展蓝图、统一各方思想、一张蓝图干到底就显得至关重要。

景观规划设计的任务就是将前述确立的产业目标、发展愿景和规划策略落位在场地的空间布局上，根据各子分区的场地要素、周边资源和自身条件综合确定一个空间发展骨架。这个骨架是锦江九里公园空间发展的基础和稳定结构，一般情况下不应作重大调整。考虑到场地的巨大和复杂性以及实施的长期性，应依托空间骨架设计不同的空间单元，这些空间单元的布局形态、流线组织、业态设置都应有机服从于总体的空间骨架；同时应发掘九里空间骨架上的活力激发点，培育九里片区的触媒，策划引爆活动（参考第 2.6.2.2 节），扩大影响力，以点带面可以起到事半功倍的效果。

（2）总体风貌定位

总体风貌是基于场所的文脉特征和功能定位，对总体景观意象及气质内涵的抽象化概括。锦江九里公园以 "锦江双脉织九里，花影水韵漫生活 " 为总体创意主题，以蜀锦为创意编织场地立体交通，链接锦江两岸被复杂的道路交通分割的绿地，使分散的9个公园分区编织成为一个有机整体（图3-3-7）。同时，挖掘基地内木材从都江堰顺江漂流在此集散的历史，以树枝和叶脉的肌理编织地形、种植和道路系统（图3-3-8）。

图 3-3-7　锦江九里公园规划鸟瞰

图片来源：上海市园林工程有限公司，以下简称 "上海园林"

景观既是对未来生活世界的憧憬，也是对历史生活场景的印记。"花影水韵漫生活" 正是延续着蜀人的生态美学意境和生活方式场景。锦江九里公园的场景意境正是刘禹锡《浪淘沙》中 "濯锦江边两岸花，春风吹浪正淘沙。女郎剪下鸳鸯锦，将向中流匹晚霞" 的现代未来版（详见第 2.6 节）。

（3）空间发展骨架

①**连接——双脉织五环，七桥五线连**

"双脉" 指贯穿整个基地南北的水脉（锦江）和动脉（锦江绿道慢行主线）。大环与锦江绿道形成补充，纵向贯穿；四小环分别为艺术环、智水环、畅动环、科岛环。环线组合将锦江两岸连接成一个整体，并有利于纵向空间打通，从而构建丰富的景观空间序列。

新建 7 座人行桥，分别为跨越城市快速路北三环的大型地景桥、跨越主干道中环路与锦江的 U 形桥，连通摄影公园与临水雅苑、上新桥与亲水园、亲水园与沙河源公园、青少年活动中心北部、联通科创湾两岸的 5 座跨江人

图 3-3-8　锦江九
里公园建成航拍图
图片来源：上海园林

行桥。"五线"指串联起 5 类特色文化活动设施的游览线，分别为文脉线、
记忆线、创意线、运动线和艺术线，5 条线路有机连接，将场地功能整合成
一个交响乐章。

　　②**统领**——友塔耀七星，四带玖乐源

　　友谊塔位于上新桥城市轴线与锦江的交叉处，是整个九里公园的制高
点，起到空间视线统领的作用。"七星"为锦江上的七大滨水主题空间，分
别为艺术水岸、友谊水岸、畅动水岸、星光水岸、书香水岸、咖香水岸、创
研水岸。"四带"指场地纵向上的四类空间：江中游玩带、滨水开敞带、林

间活动带和背景山林带，通过微地形和林带的种植构建不同的生态空间，满足多样化的游憩体验。

（4）空间单元体系

依据不同地块的特征，以"玖乐源"为主题构建九里公园的结构性空间体系，分别为乐源、乐研、乐学、乐动、乐畅、乐友、乐水、乐艺、乐创，各空间单元功能互补、错位发展，共同构成了"玖乐源"（快乐之源，久久为乐）的美好空间系统（图 3-3-9）。

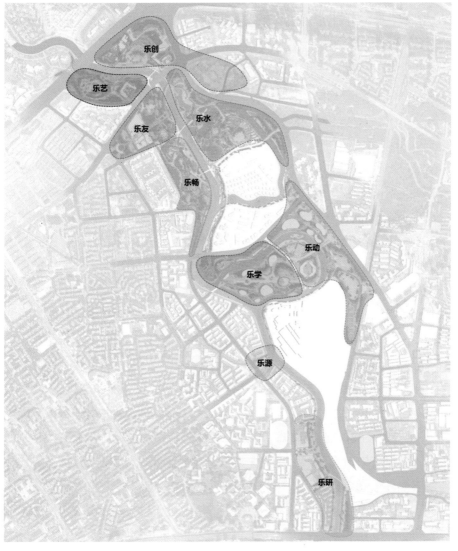

图 3-3-9　九里九园空间单元体系

①**九里堤遗址——乐源**。九里片区的文化之源。在保护现存 28m 堤坝遗址的基础上，将周边的围墙拆除，与南侧的铁路轨道、东侧的滨水区以及北侧的商业街区形成一个富有活力的滨水漫生活商业场景。

②**九里科创湾——乐研**。西南交大诸葛庙区域，以科研研发创意为主题，主要为科技人才服务，整体氛围体现科技创意。

③**科学岛西部——乐学**。以青少年科普教育体验为主，如防灾体验馆、自然体验馆、国际青少年交流中心，青少年艺术馆、城市书屋等。

④**科学岛东部——乐动**。以高雅的、锻炼体魄与气质修养的运动项目为主，如城市高尔夫、马术、冰球、击剑等，和体现动手能力的手工创意馆。

⑤**下新桥公园——乐畅**。上新桥公园、下新桥公园都是以运动为主题，但方向不一样。上新桥偏国际化，通过运动缔结国际友谊。而下新桥偏极限运动类，如城市攀岩、滑板、极限运动馆等。

⑥**上新桥公园——乐友**。以国际青年交流交往为目标，以国际会议（国际交流中心）和国际化的体育运动（上新桥）为交往媒介。友谊轴与滨水带交接处设计一个友谊塔，统领整个九里公园。

⑦**亲水园 / 沙河源——乐水**。延续亲水主题，但以新场景、新消费、新体验为导向诠释悠然的生活方式。选取咖啡博物馆、森林水疗和矩阵为代表的新业态。另有亲子水乐园、果乐园、亲子沙石滩等场景。

⑧**摄影公园——乐艺**。依托成都当代影像馆、四川省电影电视学院和欢乐谷演艺资源，发展以电影电视和摄影为主题的艺术活动，营造艺术氛围。

⑨**临水雅苑——乐创**。保留和有机更新工业建筑为美术馆、画廊、艺术中心、创意大师工作坊、九里规划展示馆等，营造文创艺术街区的氛围。

（5）活力触媒建构

①重点设施

根据总体发展目标，结合场地资源条件，改造或新建几处对区域发展起引领作用的重要设施。如临水雅苑内的大跨度厂房改造为九里美术馆，摄影公园内的现有建筑改造为成都当代影像馆；上新桥公园新建友谊塔，西侧地块的公共设施用地新建国际交流中心；结合青少年活动中心的防灾体验馆，新建自然体验馆、创意馆、城市书屋综合体等场馆。这几个主题业态的确立，基本能控制住九里公园的发展方向，从而建立起符合业态规划的运营格局（图 3-3-10）。

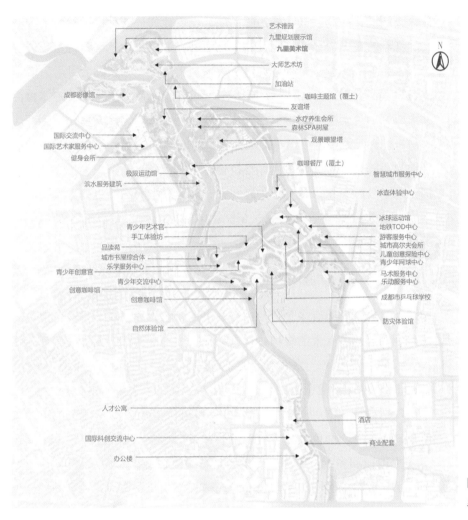

艺术雅园
九里规划展示馆
九里美术馆
大师艺术坊
加油站
成都影像馆
咖啡主题馆（覆土）
友谊塔
水疗养生会所
森林SPA树屋
国际交流中心
国际艺术家服务中心
观景瞭望塔
健身会所
咖啡餐厅（覆土）
极限运动馆
智慧城市服务中心
滨水服务建筑
冰壶体验中心
冰球运动馆
青少年艺术官
地铁TOD中心
手工体验坊
游客服务中心
品读苑
城市高尔夫会所
城市书屋综合体
儿童创意探险中心
乐学服务中心
青少年网球中心
青少年创意官
马术服务中心
创意咖啡馆
青少年交流中心
乐动服务中心
创意咖啡馆
成都市乒乓球学校
自然体验馆
防灾体验馆
人才公寓
酒店
国际科创交流中心
商业配套
办公楼

N

图 3-3-10　锦江九里公园业态布局

② 活动策划

场所内有活动才会有活力。锦江九里公园及周边建筑是一系列活动的载体空间，可策划举办五大类活动：

创新类活动： 依托国际交流中心和九里科创湾可举行互联网／人工智能创新峰会、智慧交通国际论坛、世界交通科技创新展、产学研投资对接会、国际创意大赛，最新科技成果发布会、产业高峰论坛，等等。

艺术类活动： 依托临水雅苑和摄影公园的设施和艺术氛围，可举办九里文化艺术季、国际艺术节、艺术作品展、永不落幕四季花展、文创艺术领域峰会论坛、艺术家沙龙、金熊猫摄影大奖赛等丰富多彩的艺术活动。

节庆类活动： 举办锦江水灯祈福（传统节庆日）、孔明灯节、草坪音乐节、九里文创节、九里美食节、一带一路国际艺术节等。

社区类活动： 除举行高端的国际活动，也要让周边的社区老百姓充分享受发展的红利，在九里公园组织各种文化活动，如读书会、国学讲堂、创意手工坊、社会花展大赛、广场舞大赛、周末文化集市、相亲大会等。

体育赛事： 依托新桥公园和青少年活动中心，可举办世界级的体育活动，助力成都成为赛事名城，如锦江皮划艇国际挑战赛（从九里公园到都江堰）、国际青少年乒乓球锦标赛、国际青少年网球锦标赛、攀岩大赛、滑板大赛、锦江矩阵挑战赛、九里迷你马拉松等。

锦江九里公园不仅仅是一个公园绿地，而是一个充满活力的大型城市公共开放空间，是市民与游客社交、交往、休闲、运动的大 party，是一个现象级的城市创新活力水岸。

3.3.1.7　基于落地实施的挑战与应对

锦江九里公园周边有多个将要进行城市更新的大片区域，目前各地块的能量都是分散的，需要大能级项目来策动和引领。本次锦江九里公园规划就是以"谋大局、观未来、算大账"的城市运营理念，打造一个巨型能量场（详见第 2.3 节），逐步吸引集聚符合北城未来发展的产业、资源、人才企业。

本次规划设计蓝图对九里公园及周边片区的城市更新具有很强的策动意义，但在具体实施层面也面临着诸多挑战：

（1）**土地权属多元。** 九里片区的土地分属于区政府、团市委、市城投、区城投、都江堰林场等不同的政府部门或国有企业开发管理，各自的理念想法、站位角度都有所不同。如何将其统一到一盘棋局之下，是一项重要课题，对九里的成败至关重要。

（2）**利益诉求多元。** 市级与区级不同政府部门之间，街道与国有开发公司之间，政府、企业与市民百姓之间的利益诉求各不同，而且很多时候存在利益冲突。如何妥善化解这些矛盾，将直接影响着实施节奏和实施效果。

（3）**周边发展无序。** 由于周边已开发项目是在没有系统的发展策划和城市设计下形成的，前瞻性不足，导致现状周边开发建设功能失调、杂乱无序，对区域未来的整体发展已造成不利影响；需重新梳理，协调统一到一个体系内。

（4）**协调工作繁杂。** 基于场地情况复杂，还有一些历史遗留问题无法解决，实现良好的建设效果，需要协调规划、交通、水务、建设、园林等多个政府职能部门，但有些职能部门存在一定的利益局限性和思维惯性，一旦牵涉多部门协作的复杂问题和需要以创造性思维解决的问题，难度就更大。

上述问题多元而复杂，关键在于思想观念和发展认知的统一。因此，最优解是能取得市里主要领导和相关部门的支持，统一思想，确立蓝图；最好能先行建设一座九里规划展示馆作为宣传阵地；然后与相关利益主体共同协商，将规划蓝图落实为具体的行动计划。最好的方式是由政府主导，单一开发主体投资、建设、招商、运营、管理，避免多元主体多头管理。

锦江九里公园将是长周期、大空间跨度上的渐进式更新（参见第 2.6 节），只有保证实施的整体性，成为一盘棋局而不是一盘散沙，才能聚集起巨大的光势能，成为牵引推动北城复兴的强大能量场（图 3-3-11）。

图 3-3-11　锦江九里公园局部航拍照片

3.3.1.8　思维方法回顾与升华

本次九里策规是一个典型的逻辑推理（参见第 2.8.2 节）过程：策规原点是临水雅苑（参见第 3.1.1 节），运用大系统思维（参见第 2.2 节）将其置于九里片区（参见第 3.3.1 节）、北城（参见第 3.2 节）乃至成都全局来审视，其价值能级完全不可同日而语。将临水雅苑升维至九里片区的先锋样板，以片区整体思维洞察与研判片区发展的比较优势（参见第 3.3.1.2 节），基于比较优势谋划产业业态规划（参见第 3.3.1.3 节），基于产业业态规划明确发展愿景（参见第 3.3.1.4 节），基于发展愿景确立更新策略（参见第 3.3.1.5 节），基于更新策略开展物理空间规划（参见第 3.3.1.6 节），九里公园的物理空间规划就有了逻辑依据支撑和更高能级的价值。九里公园按规划逻辑建成后，这个有形的九里公园将反向成为推动无形的片区发展的能量源泉，九里公园将激发出片区的比较优势，发挥出潜在价值，助力产业业态落地，最终实现发展愿景。

本次九里片区"公园城市"策规的切入点并不像传统公园设计那样从场地空间与形态入手，而是从产业业态和片区可持续发展的角度入手，逐步实现城市物理空间的更新，实现投资价值的闭环、近期效益与远期发展的统一，真正实现公园城市将"绿水青山"的生态价值转变为经济价值和区域发展的驱动力。

由此可见，公园的物理空间规划固然重要，但如果没有发展策划引领，公园将是可持续发展层面的一个城市孤岛。九里公园的发展型策规通过一个逻辑闭环，将公园从底层的绿地配套而升维至顶层的发展引领。九里公园的建设水准越高，其对片区发展提供的引领能量就越大。这就是策规的策动价值。

本节是"公园城市"理念下，基于系统发展逻辑（详见第 2.2 节），以公园策规策动和引领片区可持续更新发展的一次探索尝试，希望能对业界同行有所启发，并期待着更多景观规划师参与到"公园城市"设计范式的探索，引领大美公园城市建设。

3.3.2　东风锦带——发展型策规 [①]

3.3.2.1　项目背景

初始设计任务是位于金牛高新技术产业园（以下简称小北区）东风渠北岸一块公园用地的设计工作（见第 3.4.3 节），北临川天路，西临金凤凰大道，东至隆华路，基地现状为单层破旧仓储用房，占地面积约 16 万 m^2（图 3-3-12）。此公园作为基地北侧老工业园区"小北区"转型升级的配套公园先行启动。

---

① 本项目荣获 2021 年度上海市风景园林学会优秀风景园林规划设计三等奖。

图 3-3-12 小北区原状卫星图及东风锦带一期红线

　　小北区占地面积约 5.1km²，原有产业以仓储物流、钢构钢贸为主，园区内大部分房屋及小厂房为 1～3 层简易建筑，以生产和存储性功能为主。园区内的几座大型储备油库以及东风渠南岸的凤凰山机场都在近年的整体搬迁计划内。除此之外，场地周边多为低洼的小块农田与菜地，基地方圆 3km 范围内的整体印象是衰落，亟待更新发展。

3.3.2.2　洞察与研判

（1）真实需求洞察

　　对比分析发现小北区是较为典型的传统区县级工业园区：总体产业业态处于中低端，整体生态环境欠佳，生产生活配套缺乏。而转型升级又面临着产业方向的选择难题、国家政策与土地问题、资金问题、创新资源与人才匮乏等一系列问题。

　　东风锦带创智公园建设是为将来整个产业园区的转型升级乃至整个片区的发展服务的，公园的设计定位应与产业园区的发展定位乃至整个片区的发展定位相匹配，这是进行顶层设计的核心问题。因此，表面上看，业主需要的是一个公园的建设设计方案，实则应先从整体上明确产业园区的发展方向与定位（详见第 2.2 节），再以片区的总体发展目标来指导单个公园的方案设计，这是一种典型的发展型景观规划思路。

（2）设计任务研判

本次发展型景观规划包含如下两个层面的工作：

第一层面为片区发展与产业策划。对基地周边的城市更新区域进行整体发展研究，主要目的是确定小北区的产业发展方向与宏观策略，以明晰东风渠两岸城市更新的持续动力。研究范围为东风渠沿线约 15km²（南北向从北四环至北三环之间，东西向从凤凰山至天回山，图 3-3-13）。

图 3-3-13　都市产业新市镇——天都创智城格局示意

第二层面为公共空间规划设计（约 123.6hm²）。对公园所在的东风渠两岸公共空间进行规划，以匹配片区未来发展愿景，主要目的是确立公共开放空间的总体定位、空间骨架与功能业态布局，为局部的分期实施进行统筹。

3.3.2.3　第一层面：片区发展策划

（1）片区发展模式定位

传统的产业园区一般都位于城市远郊，无论在交通以及功能衔接方面都无法与城市形成良好的互动；而城中区域虽然拥有较完善的城市配套功能，但缺乏产业的基础，因此无法吸引产业要素在此聚集；同时城中区域的发展空间也有限，无法提供足够的产业发展空间。

基于小北区的项目实际，本次策规提出了与"公园城市"发展理念相匹配的第四代产业园区[66]——"都市产业新市镇"模式。其以战略新兴产业为核心产业，集研发、生产、居住、消费、人文、生态等多种功能于一体，是一个产城高度融合的城市新型功能单元区。该模式打破了传统产业园区产城脱节、职住分离的单一生产型园区经济模式，是城市治理体系和治理能力现代化的有效探索，也是形成城市竞争优势的模式创新。

依据都市产业新市镇模式对片区进行总体谋划，则可形成以东风渠公共空间为生态核心，北侧 $5.1km^2$ 的小北区发展战略新兴产业，南侧的凤凰山机场旧址片区约 $5km^2$ 发展居住生活服务，东南侧白莲片区约 $3km^2$ 为商业综合服务区，则可在城市更新中的北城规划出占地约 $15km^2$ 的"天都创智城"（图 3-3-13，详见第 2.2.2 节）。

依据"公园城市"理念策划的"天都创智城"将成为成都北城发展的示范区，进而驱动整个"北部新城"的发展；它也是成都成为"先进智能制造中心"的优选之路。

（2）片区比较优势分析

① **文旅资源优势**："天都创智城"的周边具有丰富的文旅资源：东侧直线距离 3.4km 有世界级文旅资源成都大熊猫繁育基地，西南、西北、东北和南侧 3.5km 范围内分别为市级重要文旅资源凤凰山音乐公园、国际足球中心、成都市植物园和成都市动物园，可谓"群星璀璨"（图 3-3-14）。

② **科教资源优势**：基地周边方圆 10km 内分布有西南交通大学、成都电子科技大学等理工科院校，四川电影电视学院金牛校区、四川师范大学电影电视学院等艺术传媒类院校，以及成都医学院、西部战区总医院等医学类机构，各类大中专院校和科研院所 30 余所，将为创智城的发展提供坚实的人才基础。

③ **生态资源优势**：片区内部的核心生态资源是以东风渠为核心，"肩挑两山（凤凰山、天回山）、河湖相连（东风渠、九道堰与新开挖凤凰湖）"的生态基底。

④ **工业遗存资源**：片区内以石油储油罐、铁路轨道和机场跑道机库为核心的工业遗存，将成为独一无二的优势资源。

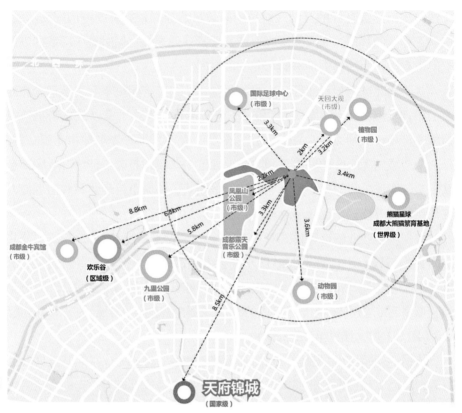

图 3-3-14 基地周边文旅资源分析

（3）战略新兴产业定位

综合分析"天都创智城"在文旅资源、科教资源、生态资源和工业遗存四个方面的比较优势，提出"天都创智城"的产业发展定位为"双 A 驱动"——艺创（ART）和科创（AI）。即艺术创意产业和智能制造产业相互促进，协同发展。

依托 104 油库片区的工业遗存和影视艺术人才资源，以丝路艺术为主题对工业遗存进行保护性开发。以信息、娱乐、影视、传媒为主题业态，打造西部最大的传媒创意群落——蜀光影视传媒港。依据成都市产业规划和科研院所的人才技术优势，以云溪为生态载体，发展人工智能、新智造、新能源、大数据、云计算、生物医药等新兴产业，打造云溪科创智慧谷，成为成都迈向智造强市的有力支撑（图 3-3-15）。

（4）片区总体发展愿景

蜀光影视传媒港和云溪科创智慧谷两大产业片区以招引行业龙头为引领，以创新业态集聚为手段，吸引成都乃至世界各地的青年精英来此创业、工作与生活。"天都创智城"以成为创新、创业与创造的理想之城为目标，引领周边区域向高端化、国际化更新，助力成都成为科创强市和国际化生活城市。

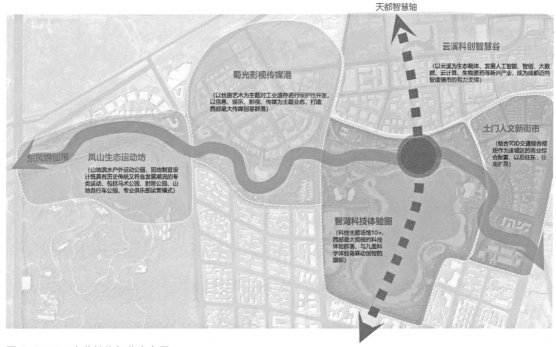

图 3-3-15 产业结构与业态布局

3.3.2.4 第二层面：公共空间规划

（1）东风锦带规划定位

产业发展是城市空间变革的主导力量，东风锦带公共开放空间建设作为"天都创智城"的先导示范区，其功能定位应与城市的未来发展定位一脉相承，服务于新兴产业的发展和未来城市居民的需求。

① 为产业发展服务。东风锦带以"新自然、新智慧、新体验、新微旅"为设计理念打造"四新"水岸，成为天都创智城对外形象展示的窗口和新城未来产业主题的宣示，激发人们对新城未来的畅想。

② 使城市生活回归河流。目前东风渠是一条游离于城市休闲功能之外的灌溉引水渠，而随着新兴产业的发展和新一代知识青年来此安居乐业，东风锦带水岸将成为年轻人社交交往的都市微旅游场所。规划设计应围绕河流，将科技体验、艺术创意、商业展览、运动社交整合，营造开放活跃、创新包容的交流交往氛围（图 3-3-16）。

图 3-3-16 东风锦带规划平面

图 3-3-17 东风锦带规划鸟瞰

③ 主题差异化定位。规划充分挖掘本次东风锦带水岸自身的比较优势，提出以科技体验为主题打造"天都创智水岸"，与以"文创"为主题的锦江九里水岸和以"历史"为主题的锦江中央公园形成错位互补发展，打造北城区"引领未来的创智水岸"（图 3-3-17）。

（2）三大规划策略

为实现上述规划定位与愿景，提出三大规划策略：

① **逻辑转换，模式创新。**从工业逻辑到人本逻辑，从生产导向到生活导向；产业与社区的跨界互联，无缝衔接，"产业都市"既是产业园，也是生活城，职住平衡。

②**山水意象，渗透互溶。**充分发扬山水特色的生态本底，将公园形态全面渗透进街区、园区、社区，将自然与都市互溶、工业遗存与文创艺术互溶、科技与文旅互溶、水与岸互溶（溶解硬质渠岸，详见第 2.4 节）。

③**科创引领，活力水岸。**设计始终以人的舒适度和体验度为衡量标准，东风锦带既是天都创智城的中央公园与城市客厅，也是以科技体验为主题的都市微度假目的地（参见第 2.3 节）。具体体现在如下五个方面：

科技主题场馆集聚。在滨水公共开放区域建设天都科技馆、未来能源博物馆、西部航天体验馆、凤凰山飞行博物馆等未来科技主题馆，重点培育科技主题游，与九里青少年活动中心的科学体验岛形成科技科学的主题游线，逐步形成"北城创智"的城市印象与氛围。

科技主题赛事活动。以科技产业和主题场馆为依托，引进机器人大赛、智能足球世界杯、智能战警、机甲大赛、航模大赛、世界电竞大赛等各种科技主题赛事，营造科创主题氛围。

科技互动景观。在公共景观中，利用新技术打造科技体验型互动景观，如互动水秀、智能跳泉、智慧赛道、风能树、自然能量岛等技术巧妙地结合到景观场景中，除感官体验外，更强调互动性——通过肢体和心理与自然界交互，从中获得满足感和成就感。

智慧运营管理。公园的规划目标是呈现一座智慧型公园，利用感知器获取公园内各区域的环境质量数据，并将当下接收到的讯息传送至资讯板或参观者的智能手机中，使人们随时可以对身处的自然环境进行量化感知。

新能源技术应用。东风锦带创智公园的规划设计借鉴生态智慧手法，设备设施采用风能、太阳能以及水能作为公园的能量来源，并通过植物碳汇的定量研究，将其打造成一个智慧负碳公园，研究成果将来推广应用。

（3）四大分区业态与空间规划

根据东风锦带沿岸每个区段的地形特征、生态资源和周边地块的产业发展规划，将 4.5km 长的滨水带分为四个区段：生态运动区、文创艺术区、创智体验区和人文休闲区（图 3-3-18）。

生态运动区：该段为项目西侧起点，以滨河绿地和山体林地作为生态基底，结合凤凰山运动主题，补充完善区域周边运动产业链，重点布置凤凰山网球中心（现有）、马术中心、山地自行车运动、野营、野炊、田园体验等活动内容。

文创艺术区：基地北侧拥有良好的工业文化遗产资源，突出场地的文创艺术功能，场地内布置飞机博物馆、丝路艺术公园、丝路创意园、丝路演艺中心、时尚主秀场等功能场地。策划举办影视节、戏剧节、创意节、丝路艺术节、时装周、时尚发布会等，为创意企业打通上下游的生态产业链。

创智体验区：该段位于城市轴线的重点位置，主要体现创智体验的主题，场地内重点布置科创展览馆、天凤科技馆、天凤创智城规划展示馆、湖滨智慧互动演绎、零碳体验、科技互动体验等，为整个产业都市的开发建设起到引领和示范作用。

人文休闲区：该段周边为未来新城的居住生活服务配套。北侧场地腹地相对狭窄，主要布置供市民休闲、康体健身等活动场地；南侧地块结合现有资源分别设置水岸酒吧街和监狱主题文创园。

3.3.2.5 策规回顾与升华

东风锦带策规从对小北区整体发展的洞察研判入手，从城市宏观发展的视角解决片区发展模式的问题，从产业视角解决区域发展的内在动力问题，这两个"城"和"业"的问题是社会经济发展的核心关键问题。如果没有上述两个问题的定位确立，"境"就没有"锚"，空间形态美学就没有"根"。

本次东风锦带策规也是严谨的逻辑推理（参见第 2.8.2 节）过程：基于片区比较优势［参见第 3.3.2.3 节中（2）］谋划战略新兴产业定位［参见第

3.3.2.3 节中（3）]，基于产业规划明确发展愿景 [参见第 3.3.2.3 节中（4）]，以片区发展愿景为指导，从人居环境视角对东风锦带公共空间进行规划（参见第 3.3.2.4 节），就有了"源头活水"。"境"既为新兴产"业"发展服务，又能匹配未来新居民"人"的需求满足，从而实现"人—城—境—业"的正向促进可持续发展。可见，有形的物理空间规划应以无形的发展谋划为引领，先谋发展，再动投资，才是科学决策之路。

上述设计思考过程是一个跨多学科（详见第 2.2.1 节）、多视角横向思考与垂直思考相结合的逻辑创作过程：从人居环境建设任务横向扩展至社会经济发展顶层设计，从宏观的发展问题向中观的规划问题、微观的空间问题纵向层层递进，围绕价值实现形成路径闭环，是可持续发展型景观规划的一次积极探索。

3.3.3 小北区之景观风貌策规

快速城镇化时期，以快速高效率为主导建立起来的所谓现代城市"千城一面"。近年来，随着城镇化的减速，人们开始反思并探索如何"千城千面"。每一座城市给世人留下的深刻印象都体现在景观风貌的特色上。但目前，国内城市甚至国际上，都还没有形成一整套完整的城市景观风貌控制方法体系，城市规划中也缺少城市景观风貌控制方面的具体细节和实施方法。城市管理部门在审批具体的建设项目时，往往仅依靠传统的城市总体规划和控制性详细规划中对高度和容积率等硬性指标的控制，无法对城市的景观风貌进行控制和协调。因此，就出现了城镇建设中审批合法但建成效果杂乱无章或千篇一律的奇怪现象，城市规划与建设管理部门也常常为此苦恼。创建特色城市风貌的关键是要深刻理解"望得见山，看得见水，记得住乡愁"这句话，"望得见山，看得见水"的本质是居住环境生态系统的保护和重建，"记得住乡愁"的本质是本土历史文脉的挖掘、传承与创新。

杭州市在 10 多年前就已经认识到城市建设中出现的以上问题，笔者有幸参与了《千岛湖城市景观风貌控制概念规划》的编制，逐渐形成了一套景观风貌控制定位与导则编制的方法，从宏观总体和微观路径多个层面来指导和控制城市特色风貌的建设。目前，成都北城小北区正要进行一轮全面的城市更新，如何避免建设的盲目性与风貌的无序性，将其建设成为一座特色产业小城，已经成为一项亟待解决的课题。

3.3.3.1 背景回顾

（1）**初心理念**：前文已阐述打造东风锦带的目的，是以公园城市 EOD 模式驱动小北区以及周边区域的北部新城更新发展。

（2）**现状劣势**：占地面积 $5.1km^2$ 的小北区，现状是较为典型的传统区县级工业园区：总体产业业态处于中低端，整体生态环境欠佳，生产生活配套缺乏。

（3）**资源优势**：绿连东西、蓝贯南北的生态格局（图 3-3-19）。东西两侧紧邻凤凰山和天回山，规划中的南北走向的云溪河联动着九道堰锦城绿道和东风锦带绿廊。场地附近历史人文资源丰富，工业文化、历史文化、山水自然文化相互之间多元融合，充满本土地域特色。期待打造区域引擎，激活周边联系，提升区域综合实力。

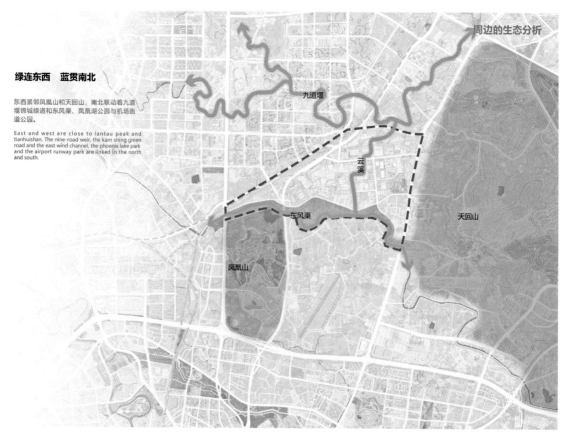

图 3-3-19 现状山水格局分析

（4）**愿景目标：** 根据总体规划，充分发挥现状资源潜力，以公园城市理念为指导，转型升级为以人工智能和智能制造为主导产业的都市工业示范区和公园城市活力区。

上述分析回顾中，基地现状劣势及周边资源优势是具体的、明确的，但未来发展目标是笼统的、模糊的。"都市工业示范区和公园城市活力区"应该长成什么样子呢？小北区未来在成都的地位将如何？应具有怎样的特征？应发挥什么样的价值和作用呢？

3.3.3.2　"三个代表"

要解答上述问题，我们需要将小北区放在整个北城（金牛区）产业发展和城市形象重塑（参见第 3.2.4 节）的视域下进行战略解读。

（1）**小北区将是成都产业园区转型的最佳代表。** 小北区无论在人工智能、智能制造等战略新兴产业的产业定位上，还是在前文提出的"都市产业新市镇"的发展模式路径上，都是走在未来的发展趋势上（图 3-3-20）。

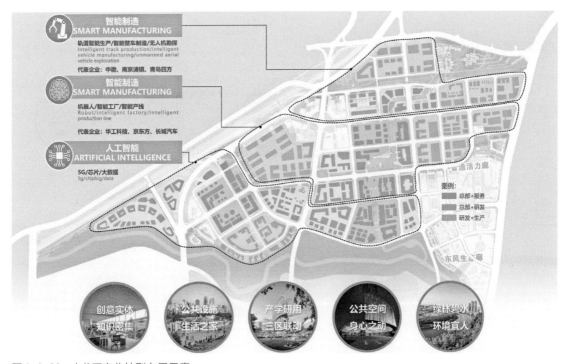

图 3-3-20　小北区产业转型布局示意

（2）**小北区将是公园城市实践的最佳代表**。小北区周边独特的山水格局，恰恰具备了打造成为"城市就是一个大公园"的公园城市愿景，将"三生融合"的理念升级为基于生态智慧的生产和生活场景（图 3-3-21），是公园城市的高级形态。

（3）**小北区将是北城新形象的最佳代表**。前文已经分析，通过产业复兴、文艺复兴和山水复兴三个层面的系统构建，对成都北城进行城市形象重塑，并勾勒出金牛区的未来画像——山水城区＋艺术城区＋创智城区（详见第 3.2 节）。小北区恰恰具备了这三个方面最优的发展资源，最有潜力成为小北区未来形象创建的一个示范窗口（图 3-3-22）。

图 3-3-21 小北区公园城市模式示意

图 3-3-22 小北区城镇形象分析示意

综上所述，以"三个代表"的定位来定义小北区的发展，其"山水智能小城"的画像进一步明晰起来。

3.3.3.3　风貌定位

山水智能小城是一个总体的概念定位，山水代表自然资源和空间格局，智能代表产业，城镇风貌仍然不具备独特性，仍然可能成为"千城一面"中的一员。她应具有怎样的景观风貌特色呢？如何将其打造为一个独具魅力的特色小城镇呢？

历史上，成都因先进的手工业特色而被称为锦城，因风貌特色而被称为蓉城，因产业与城市风貌的高度匹配融合而有"花重锦官城"的独特魅力。依此类比联想，未来小北区重点发展新兴创智科技产业，也应有与之匹配的城市风貌。通过对比研究"花园城市"新加坡、上海新江湾城、杭州的云栖小镇等特色风貌的创建经验，小北区的特色应是"生态体、创智芯、花园貌"，风貌气质应是"川蜀韵、国际范"的。因此，将小北区风貌定位为具有"蜀韵山水特色的智雅花园小城"（图 3-3-23），并以此为总纲统领，开展分区域、分要素的详细规划和导则编制（详见第 2.3 节）。

3.3.3.4　技术路线

景观风貌规划是大景观治未病的思路，具体导则则涉及城市"中西医"的多个层面（详见第 2.4 节），本次风貌策规遵循 10 年前杭州千岛湖总体景观风貌控制规划时所研发的技术路线，以"自然之局，雅致之美"的规划手法，从山水渗透、风貌分区、蜀锦花街、漫网构建四个方面，因借山水格局，以人工的精致之美，呼应自然之美（图 3-3-24）。

3.3.3.5　风貌导则

（1）在建筑风貌控制上，依据现有控规用地性质和功能分区，将基地划分为创智商务建筑风貌区、文创艺术建筑风貌区、智造产业建筑风貌区、人文生活建筑风貌区四大类。分别从建筑高度、天际线、建筑风格、建筑立面、建筑裙房、位置与朝向、建筑形态、建筑材质与色彩（图 3-3-25）等方面编制引导导则，包括街道地块开口、临街商业布局、建筑退线控制，以及公共空间补偿机制建议等。

蜀韵山水特色的智雅花园小城
TIAN-FENG WATERFRONT OF THE WORLD

图 3-3-23　小北区景观风貌鸟瞰

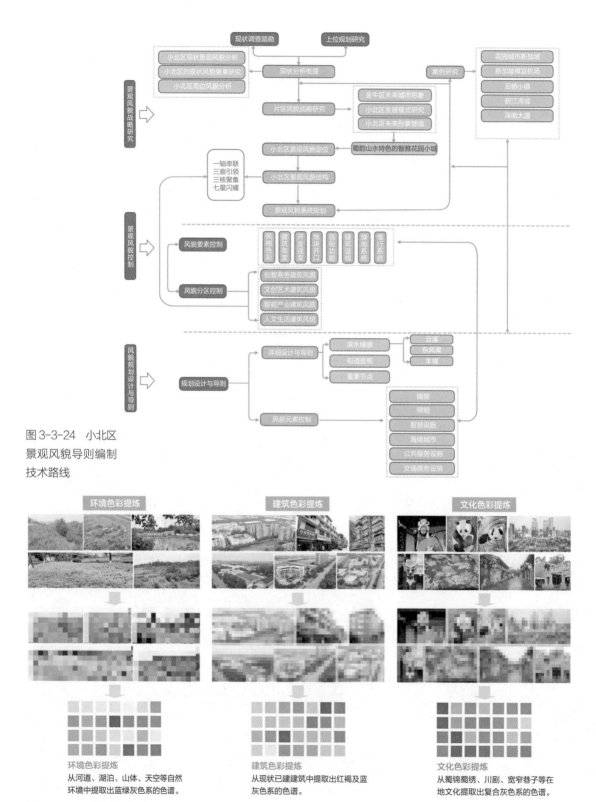

图 3-3-24 小北区
景观风貌导则编制
技术路线

图 3-3-25 建筑色彩提炼示意

环境色彩提炼
从河道、湖泊、山体、天空等自然
环境中提取出蓝绿灰色系的色谱。

建筑色彩提炼
从现状已建筑中提取出红褐及蓝
灰色系的色谱。

文化色彩提炼
从蜀锦蜀绣、川剧、宽窄巷子等在
地文化提取出复合灰色系的色谱。

（2）漫网构建方面，以 TOD 站点为圆心向外发散，打造多元交通衔接模式，通过游览公交、共享单车和低碳步行空间连接轨交站点；建议降低轨交站点核心区的商业办公停车配比，鼓励公共交通出行；对站点内外公共空间进行一体化设计，打造人流进出站点的智慧空间组织。

依托片区独具特色的山水景观资源，构建慢行系统和山水智慧环。整合梳理园区内生态林带、滨水绿廊以及道路附属绿地，将自行车道、游步道、慢行过街设施、驿站等服务设施融入其中，构建城市环形慢行体系，对外与城市绿廊、自然山水开放空间甚至城市绿道系统相互联系，外围形成独具特色的生态智慧之环，不仅是生态环、风景环，更是故事环、文化环。

（3）景观风貌详细规划包含滨水绿廊、街道景观和重要风貌节点三个方面。其中，滨水绿廊包括东风锦带（北部创智城的生态核心与都市微旅目的地）、云溪（小北区的科创小镇客厅与活力中心）、羊堰支渠（社区级的景观排水溪）。

（4）街道景观风貌是其中最复杂的系统，包括以过境交通为主的快速路、城市生活性主干路、交通性主干路和支路，力求做到"街街景不同"的强识别性。在充分进行现状调研分析的基础上，以街区一体化原则为指导，将道路的景观风貌定位分为门户形象大道、创智展示大道、山水艺术大道、新工业风情街道、文创艺术街道、人文生活街道六种类型（图 3-3-26），引入蜀锦五色，主要街道植物色彩选择以常绿、红、流黄、碧、紫色为主色调（图 3-3-27），凸显不同类型街道的特色，整体性地塑造城市形象与慢行体验。然后落位到每条主要街道的主题定位、主题植物选择、铺装选择等设计导则，以及重要门户节点的详细规划。

如果说分区导则是面和点上的控制，那么景观元素方面的导则则是串联的线，通过点线面的风貌系统构建对具体项目的设计和建设进行引导和控制。具体包括街道铺装风貌、照明设计风貌、智慧城市设计、海绵城市设计、公共服务设施设计、交通服务设施设计、商业界面设计以及坡地建筑与景观设计八个方面的导则。

3.3.3.6　街区一体化应用

根据《成都市规划管理技术规定红皮书》，建筑退线 5~13m 不等，本次风貌规划将建筑退界空间纳入街道公共空间进行街区一体化设计，可增加公共绿地面积 30.5hm²（图 3-3-28），可以形成完整的慢行绿道体系，构建舒适的慢行体验（图 3-3-29）。慢行空间设计时应形成三个方面的一体化：

道路植物景观控制总则				
道路风貌类型	道路植物风貌主题	植物品种选择	备注	绿化意向图
门户形象大道（生态、花园气质）	**"多彩花带"** 绿色基底，串起城市绿意骨架，弱化快速路带来的隔离感，宽造穿行在公园中的感觉；防护林、隔离绿化带，以片林、多层次绿化横向延伸，突出植物群体季相变化	上层乔木以**现状保留**为主；下层以低养护多彩开花灌木和地被为主，高架下以较耐阴植物品种如南天竺、八仙花、玉簪、大吴风草、洒金桃叶珊瑚等为主	小北区与其他区域连接城市快速路，打造地标和门户形象大道，车速快，强调防护林地整体效果	
创智展示大道	**"主题花树"** 强调成荫性和景观视觉效果，选取树形优美，开花量大的骨干乔木作为主题花树，形成一路一花特色景观，重视视线节点组团化形成节点景观	上层乔木以观赏性强的开花乔木**蓝花楹、宫粉紫荆**为主；下层以茶梅、百子莲、萱草、杜鹃、紫叶珊瑚等为主	连接区域内重要节点干道，车速较快，视觉效果冲击力	
山水艺术大道	**"色叶花林"** 连接区域内大的绿地空间的生态廊道，绿化带较宽，植物设计上以自然艺术、舒朗开阔的风格为主，色彩淡雅清新，强调规模化景观花林、林下花海唯美艺术效果	上层乔木以**银杏、榉树、栾树**色叶品种结合樱花、海棠、桂花、芙蓉等为主；下层以大吴风草、二月兰、紫叶珊瑚、细叶芒等为主	连接区域内大的绿地空间生态廊道，车速较快，绿化带较宽，注重规模化林带视觉冲击力	
新工业风情街道	**"绿意盎然"** 采用现代简洁的植物形式，块面大而规整，空间简单，兼顾四季效果，较少设计一二年生植物，最大程度减少人工养护成本，重要视线节点采用复合组团	上层以遮阴性强喜树和无患子为主；下层以规整绿篱和开花草本为主，如杜鹃、窄叶十大功劳、金叶女贞等	连接创智商务建筑风貌区及智造产业风貌区内部普通车道，车速较慢，注重步行景观绿化体验，及休憩空间的绿化街区	
文创艺术街道	**"自然野趣"** 生态、自然、粗犷的植物风格，运用本地树种和大片的观赏竹，为保证其他季节观赏持续性，空间转换节点以宿根花卉和观赏草为主，同时营造自然界层次丰富、四季分明的氛围特点	上层以树形优美本土树种**枫香**为主；下层采用野生植物、多年生草本、禾本科草本等植物，构造自然群落，体现四季变化	连接文创艺术建筑风貌区内部普通车道，车速较慢，注重步行景观绿化体验和艺术氛围营造	
人文生活街道	**"温馨精致"** 精致园艺小道，结合微地形、置石、特色小品布置花镜组团，宿根花卉与灌木相结合的花境，色彩优雅，层次清晰，适当突显果的特色	上中层以常绿乔木广玉兰为主，中下层以海棠、梅花、腊梅、竹子、玉簪、彩叶栀柳、八仙花、月季、萱葵、牡丹、木芙蓉	连接人文生活风貌区内部普通车道，注重人行景观绿化体验	

图 3-3-26 六种类型道路的植物景观控制导则

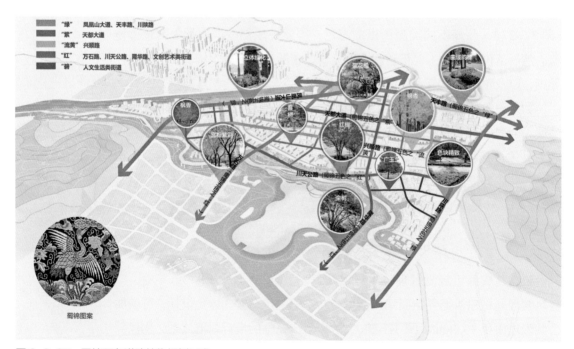

图 3-3-27 蜀锦五色道路植物规划示意

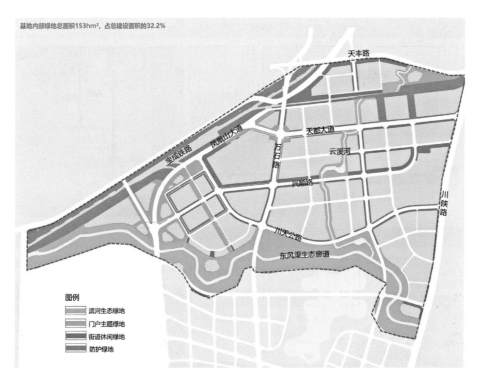

基地内部绿地总面积153hm²,占总建设面积的32.2%

图例
滨河生态绿地
门户主题绿地
街道休闲绿地
防护绿地

说明:街道休闲绿地增加建筑退线与用地红线间绿地
范围,基地内部绿地总面积153hm²,建筑退距增加公
共空间30.5hm²,共占总建设面积的35.9%

图例
滨河生态绿地
门户主题绿地
街道休闲绿地
防护绿地

图 3-3-28 街道空间一体化前后的对比示意

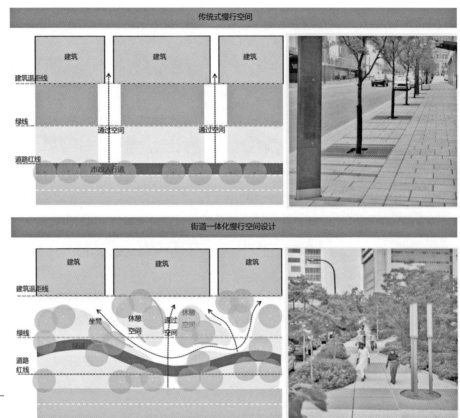

图3-3-29 街区一体化模式示意

（1）**用地空间一体化**（建筑退界空间与道路红线内景观设计一体化）。具体措施包括：设置公交专用道，提升道路运行效率。增加双向自行车道，自行车道与机动车道隔离，车行道路路沿石高度为15～20cm，非车行道路建议平路缘石设计，提升安全与通行效率。设置人行专用道，创造安全和特色的步行环境。

（2）**使用功能一体化**（慢行绿道与休憩空间设计一体化）。增加街与对街的过街通道，加强街道之间的联系。增加艺术品，依据不同街道文化，打造不同街道特色。加强建筑与街道的联系，打开底商。

（3）**绿化设施一体化**（绿化种植和街道设施设计一体化）。根据街道性质选取不同风格的城市家具，再增加公交站、智能垃圾箱、直饮水机、种植箱、标识牌、条石座椅，丰富空间形式与功能。

根据街道周边地块的功能，又将街道分为创智商务型、产业办公型、文创艺术型和人文生活型四大类，分别进行街道一体化形式和内容的引导。

3.3.3.7　风貌策规回顾

风貌型策规同样是在构建一个系统，以独特的风貌定位为引领，通过可行的技术路线、精准的风貌导则和务实的技术路径，对城镇体系内一个个具体的建设项目进行精细化引导和控制，逐步形成独具魅力的城镇风貌。相较于快速城镇化时期粗放式的建设型规划，风貌型策规无疑是精细化的科学规划，通过高质量建设实现更高的价值。

3.3.4　悠竹山谷——投资型策规

3.3.4.1　背景

（1）题目

基地位于北城茶店子地铁站区域，也是近年来成都北城区城市更新的重点区域。由于金牛大道在新金牛公园与龙湖天街之间段下穿，地面上原有道路的交通功能大为减弱。这段东西宽约 50m，南北长约 600m，总面积约 3 万 m^2 的硬化道路场地（图 3-3-30）该如何综合利用是业主方给出的题目（思维方法参见第 2.8 节）。

（2）基地优势

① 地处商业核心与生态核心之间，核心区位优势明显。

图 3-3-30　项目基地及周边原状航拍

图片来源：金牛区融媒体中心

② 基地周边教育医疗资源、商业设施、文化设施、商务办公、高品质居住及绿地公园等设施丰富，且等级档次不低。

③ 基地南端为茶店子地铁站，场地开阔，交通便利。

（3）基地劣势

① 周边各功能地块被交通干道割裂，仍然是一个典型的以车行交通优先的片区。

② 场地与东西两侧地块容易衔接，但南北两端冲着交通干道，视觉、噪声、尾气污染影响大。

③ 处于地道上盖，场地利用受限制，且需兼顾公园、广场、商业、交通功能。

（4）机遇与挑战

① 如何兼容多种功能用途，且项目具有特色鲜明、富有吸引力？

② 周边商业业态多样丰富，如何做到错位发展并起到引领作用？

3.3.4.2 洞察研判

（1）诗意山水

茶店子之名源于唐宋以来此地是茶马古道上的一处休息茶摊演变而来，有茶文化休闲的传统。通过区域建模、俯瞰全局（图 3-3-31），则会发现本地块与新金牛公园犹如山谷中的一座沙岛、一片绿洲、一片茶叶，且可与北三环立交北侧正在修建的天府艺术公园"山水芙蓉"（设计主题）形成意境上的连接，故为本项目取案名为"芙蓉山谷"（由于金牛大道定位为竹文化大道，后更名为"悠竹山谷"）。恰好与前述金牛区的城市形象定位"山水城区"（详见第 3.2.3 节）一脉相承。因此，在后续空间规划设计中，以模拟山谷自然的手法展开设计，以诗意山水溶解冰冷的钢筋混凝土城市森林（详见第 2.4.3.2 节）。

（2）漫生活商业

公园城市理念的一大核心问题就是如何将生态价值转化为商业价值，本项目的初始诉求之一就是要有夜市（白天通车，夜间两端路口封闭，临时摆摊夜市）。如果将场地改造成一个空旷、局部通车的大广场，夜间摆几排摊位卖卖小商品、烤烤串，会挺有烟火气，但与周边现代、简约、时尚的北城形象代言的定位会有较大落差，更与在踏勘现场时所洞察的"芙蓉山谷"意象构思相去甚远。

图 3-3-31　区域空间全貌与意境三维模拟

　　通过对成都的代表性商业空间进行分析发现：如果将锦里古街作为商业1.0，那么宽窄巷子的市井风情就是商业 2.0，太古里的小资新潮商业 3.0 就是天花板了。但这三种商业街区型的形态和业态都不太适合这个地块的禀赋。团队提出打造一种商街与公园互溶的社交型商业 4.0 模式，即漫生活商业公园（图 3-3-32），应体现如下三点特征：

　　① 在商业布局形态上灵活自由，融入公园的绿色体系之中，但同时要保证一定的商业体量和业态丰富度，形成一定的商业氛围（后续由于建设量减少，商业氛围较弱）；

　　② 在商业业态上应选择能吸引年轻人消费的、具有烟火气的时尚新潮休闲业态，引领都市生活美学，应是传统的公园茶馆业态的时尚升级版；

　　③ 在商家选择上，延续"首店模式"，吸引关注度，导入流量。

图 3-3-32　商业形态分析与创新

3.3.4.3 解题

（1）定位与目标

综上洞察研判，将悠竹山谷定位为诗意山水中的漫商业＋户外社交公园，力求实现三个方面的价值目标：

① 文态：师法自然，模拟山水，回归东方自然人文精神；

② 业态："首店"构成具有烟火气的新潮休闲商业氛围；

③ 形态：既是公园，又是商业性空间，开创新生活美学。

（2）空间意境篇

策规应是基于现实而高于现实的浪漫演绎。悠竹山谷力求与天府艺术公园的创意概念"山水芙蓉"的设计意境"窗含西山景，轩外湖水平，蜀巷烟火气，出水芙蓉境"一脉相承，悠竹山谷的意境为"江水源，西山脉，花谷芳柔次第开；斜阳里，明轩外，清风揽月最徘徊"（详见第 2.7 节）。

在文脉意境上，此次闹市中的悠竹山谷与源于西岭雪山的大水脉和大山脉是一脉相承的。悠竹山谷里的岛状种植池中，鲜花随季节次第开放，也暗喻茶店子片区的城市更新项目逐步落地开花，一派繁荣朝气。悠竹山谷里的竹叶形商业休闲建筑轻盈通透，与东侧商业综合体龙湖天街、时代天镜的商业和新金牛公园的生态融为一体，吸引年轻人从下午五点开始来此户外休闲社交，一直持续到午夜。独一无二的都市山谷中，清风、明月、花香与友朋相伴，巴适、安逸，让人流连忘返（图 3-3-33～图 3-3-35）。

需要说明的是，原本在基地南北两端入口处，采用竹编工艺设计文化地标型构筑物"竹里芙蓉"。竹木材质的芙蓉花造型构筑物，成为两端高架下穿入口处的对景，彰显川西竹文化特色和成都"蓉城"之名，起到识别性地标的作用。空间构思上采用欲扬先抑的手法，犹如《桃花源记》里描述的桃源山谷一样，"初极狭，才通人；复行数十步，豁然开朗。"功能上可有效阻挡两侧马路的噪声和尾气，营造一处内部安宁的休闲商业环境，真正实现"悠竹山谷"的意境和功能构思。由于"竹里芙蓉"被认为与"开放通透"的视线要求不相符，最终未能实施。

图 3-3-33　悠竹山谷总平面

图 3-3-34　悠竹山谷鸟瞰与山谷意境模拟分析

图 3-3-35　悠竹山谷鸟瞰

（3）商业业态篇

周边的大型商业广场龙湖天街以满足周边市民日常生活、大众娱乐需求为主，时代天境商业街（待建中）以满足商务人士的品质生活和社交需求为主，茶店子西街的底商以规模较小的街区个体商户为主，而一品天下商业美食街以火锅、茶馆等当地传统美食为主。本项目定位为社交型商业4.0模式的漫生活商业公园，散落在悠竹山谷中的数个竹叶状的小型建筑，在形态上灵活自由，融入山谷自然，业态上也应与周边丰富的商业业态进行错位。

以"接地气的时尚前沿"进行商家选择，既非市井民俗小店，亦非奢侈高冷的高档店，而是有创意、有品位的活力店。建议招商川蜀味的竹叶青茶体验馆、川西好礼坊、竹韵时尚餐厅、国际范的茑屋书店＋竹里咖啡、宝莱纳啤酒馆和创意烘焙坊7种平民轻奢业态（图3-3-36）。

（4）活动运营篇

充分结合成都人喜爱在户外晒太阳、安逸巴适的生活方式，为每栋景观建筑配备一定的外摆空间。特别是中央滨水（场地与新金牛公园交接处为盖板的四斗渠，建议扒开利用）的丝路源欢乐草坪，业态招商宝莱纳啤酒屋，每天都有固定的乐队表演，节假日可以举行庆祝演出活动，是城区内稀缺的户外商业空间，音乐节、啤酒节、狂欢节的乐享地。

七种业态分布于花岛、水池、旱喷广场、云影雕塑与音乐喷泉之间。西侧的新金牛公园中植入小轮车、云朵蹦床、儿童乐园和全息小剧场等时尚活动设施，整个悠竹山谷就是一个悠闲、欢乐的时尚林盘。

图 3-3-36　业态布局分析

夜间，利用全息投影技术、数字技术，打造一场沉浸式"梦幻山谷秀"，山谷奇境，置身其中，真正实现"清风揽月最徘徊"的愿景。

（5）投建建议

新金牛公园总面积 109600m²，根据公园设计规范，可建设建筑占地面积约为 6578m²，其中金牛区规划展示馆占地面积约 900m²。因此，统筹测算，悠竹山谷最多可建设占地 5678m² 的商业空间。从空间舒适度、商业氛围营造和投资回报的角度综合分析，建设总占地面积约 5000m² 的小型建筑最为适宜，项目总投资约 1.3 亿元。而根据对宽窄巷子、太古里、龙湖天街等商业体的租金调研，并综合外摆空间和公园活动空间的租赁，每年的运营收入可达 3000 多万元，整个新金牛公园的年运维成本约 500 万元，投入产出比是相当不错的。

投资模式可由国有平台公司整体打造运维，也可招商一家商业运维公司合资合作。如果能做到招商前置，每栋建筑根据品牌商的标准要求进行设计建造，统一管理，效果与效益将更佳。

3.3.4.4　回观反刍

（1）决策有难度

本项目的初始定位是白天保留交通功能，夜间限制车行，摆夜市。从全局洞察（思维方法详见第 2.2 节）提出漫生活型商业公园"悠竹山谷"概念后，各方对这个地块的价值开始有了颠覆性的认识，但也有领导认为新思路对交通的影响太大，很难实施。这就给决策上带来了很多麻烦。

本项目区位独特，资源禀赋也很独特，由于其用地性质是在原有城市主干道下穿后留下的城市道路用地，对于该类用地该如何利用，利用到什么程度，存在较大分歧。因此，政府部门在决策过程中非常谨慎，反复论证。核心问题有两个：

① **交通问题**。取消地面的车行交通功能之后，对周边交通的影响有多大？会不会加重周边几条道路的交通拥堵？专业的交通设计院在对周边交通进行模拟测算后，得出的结论是影响不大。于是，最终采用了取消机动车通行的处理手法，在基地东侧用景观化的方法保留一条非机动车道通行，兼作消防应急通道（思维方法详见第 2.4.3.2 节）。

② **建设指标问题**。在场地上建设多少建筑空间比较合适？建多了恐引起群众非议；建少了商业氛围不够，投资回报也很难平衡。政府部门的最终

决策策略以牺牲商业价值，保民生以减少争议为先。因此，建筑量从超过5000m² 减至 1000m² 左右，商业氛围大为减弱（图 3-3-37），商业运营收入将难以维持公园的自运行（参见第 5.4 节）。

（2）策规未共识

决策过程中，还有一个很大的误解在于对设计任务的理解上。设计团队从过往专业的角度认为第一阶段应是策划规划设计工作，政府部门的审查决策应着重于项目的设计方向（方向不对，努力白费）和关键问题的解决方案（是否取消车行以及建筑量的多少），第二阶段才是建筑单体和景观的实施方案设计。但政府部门的期望是一次性审查至建筑单体的形态和景观场景的设计实施方案，审查完就算定稿，直接进行施工图设计，马上开始施工。这一过程也从侧面反映出中小型投资项目的投资型策规的价值尚未形成社会共识。

（3）创意有衰减

策规方向确定之后，由于时间紧迫、理解偏差等原因，后续设计院在进行深化设计时产生了一定程度的创意衰减。最开始构思的"悠竹山谷"，在深化阶段丢失了"山谷"的意境和情趣，最后建成了一个简化版的"悠竹广场"；大大小小的广场空间成为夜幕降临后广场舞的天堂（图 3-3-38），功能调性与目标消费人群发生了较大的偏差。但即便如此，最初的构思理念得以延续，建成后仍广受赞誉，又不能不说是一件令人欣慰的事情（图 3-3-39）。

图 3-3-37　建成后的商业氛围较弱

图 3-3-38 夜幕下的广场舞

图 3-3-39 建成后的航拍

照片来源：成都金牛区摄影协会

（4）鱼和熊掌兼得

项目虽小，创意无限。以创意创造价值，效益最大，这就是设计创意的价值体现。定位精准是项目成功的关键，从定位到落地的精准考验执行力，特别是商业投资型项目。俗话说"画皮画虎难画骨"，往往差之毫厘，效差千里。此类项目需要敏锐的洞察力和精准的控制力来保障整个投建运维过程。要掌声，还是要面包？看似是一个选择题，其实也可以是一个双选题，公共利益与商业效益之间并不矛盾。最优的策规方案应当兼顾公共利益与商业效益，并通过商业效益的实现推动和保障更好的公共服务的可持续实现。

3.3.5 丝路云锦——综合型策规

3.3.5.1 背景

（1）题目

在"悠竹山谷"创作过程中，北三环北侧的天府艺术公园正在紧锣密鼓地施工。新金牛公园（含悠竹山谷）与天府艺术公园作为北城的两大生态核心，直线距离仅有约600m，但由于金牛立交的存在，两大核心之间的人行与视线联系几乎完全割裂（图3-3-40）。有没有可能实现一体化，以发挥更大的生态价值以及生态价值转化呢？相关政府部门已经认识到了这个问题，并积极寻求解决方案。除此之外，还有更高的诉求：各国政要来成都访问，下榻金牛宾馆（位于天府艺术公园北侧）期间，有可能会从天府艺术公园散步走到新金牛公园（悠竹山谷），感受成都的发展面貌和城市烟火气。

（2）现状分析

其实，在"悠竹山谷"策规之前，团队就对周边进行了详细踏勘，并对片区做了三维建模推演。最大的感受就一个词：割裂！城市快速路北三环与主干道金牛大道在金牛立交交汇，北三环以南300m是主干道金府路，再往南1km是主干道一品天下大街，再往南1km是北二环。这是一个典型的以车行交通优先的城市片区。新金牛公园与金牛公园之间被金牛大道隔断，人行连通功能很弱，更不用说孤悬于北三环之外的天府艺术公园。因此，三个公园的连通是实现片区综合效应最大化的必然选择。但此段金牛大道沿线状况复杂：

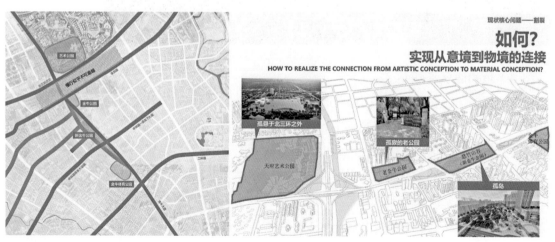

图3-3-40 空间割裂的现状分析

① 金牛立交桥下，柱网密布，道路错综复杂，经研究论证，在立交桥下车行道下穿、留出地面通行的解决思路，几乎没有实施可能；② 金牛立交桥与地面之间也没有足够的空间架设人行桥；③ 金牛立交桥高架下噪声、尾气污染都很严重，即使可以通行，体验感也会很差；④ 金府路街角是一座加油站，子星路街角是武警黄金部队大院，街道空间狭窄，扩宽的可能性不大。只能另辟蹊径（思维方法参见第 2.8 节）。

3.3.5.2　洞察研判

团队花了两天时间在方圆 2km 范围内横向走、纵向走、骑自行车走，几乎每个角落都踏勘了至少三遍，最终一条最佳线路逐渐浮出水面：新金牛公园与金牛公园之间架设一座跨越金牛大道的人行桥；穿越金牛公园后，修建一座跨越金府路的人行桥，从省电信局地块与原机电城地块之间的狭窄过道通过；穿越数码港和机电城原址后，再修建一座跨越北三环的人行桥（图 3-3-41）。如果全线架空，就是一座长约 1.35km 的高线桥。这条线路之所以可能成立，关键在于机电城地块拆迁所带来的机遇，需要占用机电城地块西侧和北侧的一部分土地，但这条线路也会激活这块处于角落中的土地，带来超预期的土地增值，可谓一举两得。

图 3-3-41　现状航拍分析

从更大的视角来看，如果这条线路继续往南延伸，连通金牛体育公园，则茶店子片区相互割裂的 6 个公共开放空间［天府艺术公园、北三环 50m 绿带、机电城文创公园（本次设计提出）、老金牛公园、新金牛公园、金牛体育公园］连成一个整体性的"国宾丝路文化公园"（本次策规提出的概念，见图 3-3-42。思维方法详见第 2.2 节）。以 EOD 理念继续深入，以国宾丝路文化公园为核心，可通过慢行系统进一步连接周边的产业与商务社区（图 3-3-43），激活存量资源，推动和提升生态价值向商业价值转化，无疑是公园城市理念的真正体现。或可真正媲美纽约高线公园。

图 3-3-42 片区连通建模分析图——国宾丝路文化公园

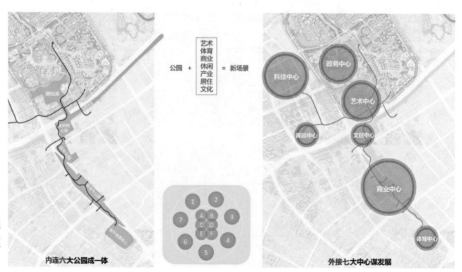

图 3-3-43 国宾丝路文化公园与片区 EOD 模型分析

3.3.5.3 解题

（1）丝路云锦——结友谊

成都具有深厚的丝绸之路文化。成都因蜀锦闻名而称作"锦官城"，成都也是南方丝绸之路的起点；茶店子自古是茶马古道上的一个重要节点，城北的天回镇是古丝绸之路文化重镇。外国领导人来蓉访问参加外事活动期间，将从金牛宾馆出发，穿过天府艺术公园，沿着此段人行步桥散步至新金牛公园，正与丝绸之路文化的核心理念不谋而合。因此，将这条从悠竹山谷到天府艺术公园全长约 1.35km 的空中连廊，取案名为"丝路云锦"，含有"丝路花开，云锦结谊"之意，隐喻中国倡议的"一带一路"能够开花结果，与沿线国家缔结友谊，共建共荣（图 3-3-44）。

图3-3-44 丝路云锦规划总平面与场景分析

（2）高线公园——漫生活

丝路云锦空中连廊不仅仅是一条通行路径，也提供给市民观察城市的不同视角，而且还是空中花园和社交空间。在连廊上种植鲜花、爬藤，设计构筑物、观景平台、互动设施，植入商业、文化和休闲场景，提供给市民多样的活动参与和丰富的景观体验，这是川蜀特色的"高线公园"。

根据高线公园穿越不同地段的特征，因地制宜地设计不同的景观场景，分为丛林、台地、花廊三个主题段（图 3-3-45）。其中第一段金牛公园段为丛林探秘段。现状林木茂密，在丛林中结合高线桥与桥下场地空间，设计一处以"花蕾"为主题的多功能儿童游乐场，有花蕾树屋、攀网、沙坑、吊环、攀岩、蹦床、滑梯等，桥上桥下互动。第二段结合机电城文创产业用地，打造文创社交段。将现有数码港建筑改造为文创园，已拆迁的机电城地块开发为文创总部基地（近期可改造为简易运动场），中间的公共开放空间结合建筑二三层发展为多层次的台地休闲空间，植入商务社交场景。北侧台地的开阔处设计一组"花蕊"构筑物，像"三醉芙蓉"一样，随着时间的变化会变换颜色和角度，晚上结合灯光的变幻效果会更加梦幻，展现自然、科技与运动相融合。第三段沿北三环 50m 带状公园为空中花廊段。此段整体景观印象为花影，桥上的特色廊架常年挂满鲜花，桥侧与地面也是鲜花烂漫。桥上局部加宽，设计花园空间和高线咖啡休憩空间，以及小型台地剧场。桥面构筑物的镜面构件富有花影与光影的变幻美感。

图 3-3-45 丝路云锦鸟瞰分析

（3）文创走廊——促发展

以丝路云锦为核心连廊，连接茶店子片区的商业中心、生活中心与国宾片区的天府艺术中心、科创中心以及政务会议中心，其未来潜力和地位不可小觑。丝路云锦应与沿线多地块多业态多层次连接，激活存量空间资源，构建以高线为触媒的川西特色文创业态活力走廊。从悠竹山谷开始，可以分别打造川茶文化、蜀锦文化、林盘文化、竹文化、饮食文化、川创文化和芙蓉文化等多种创新业态，让穿梭游人体验川西文明的创新创造活力，让国宾感受川蜀文明深厚底蕴的魅力。

高线公园，

浓缩川蜀文明的精华，

延续山水城区的诗意；

体验城市文脉，

也可感悟创新活力，

这种美好，

跃升了境界。

（4）投资统筹——可持续

策规不仅提供创意，也包括算账，计算不同方案的投入产出比。丝路云锦不应只是一个公共财政投资任务，而应以城市运营的思维分析投资平衡与投入产出。它的投资资金该怎么赚回来？是否可以直接平衡？如果不能，如何实现间接平衡？这都是策划师应该思考的问题。

除了公共效益，丝路云锦的直接受益者是已拆迁的机电城地块（策划为文创总部办公）、待提升改造的数码港地块（策划为文创园），和金府路两侧的多层街区（策划为食尚坊）（图 3-3-46）。因此，本次策规建议以片区开发运营思维（思维方法详见第 2.2 节），将其纳入一体化更新提升范围，统筹谋划，在业态上互补互促，在形态上实现一体化无缝衔接。本项目总投资约 3 亿元，其中公共部分投资 2.2 亿元，产业部分投资 0.8 亿元。且不谈文创园与食尚坊的物业和租金增值，仅文创总部办公地块的开发出售就可增值4.8 亿元，就足以覆盖整个项目的投资（表 3-1）。

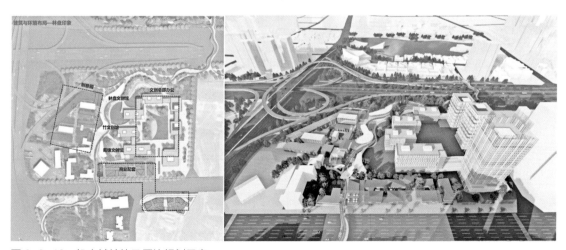

图 3-3-46　机电城地块及周边规划示意

丝路云锦及周边项目投入产出测算 表 3-1

丝路云锦高线公园及周边提升估算

公共部分投资

序号	项目	建设面积（m²）	单价（元/m²）	总价（万元）	备注
1	丝路云锦主跨	4000	25000	10000	暂定跨北三环 180m，金府路 100m，金牛大道 120m，宽约 10m
2	丝路云锦花园	10000	6000	6000	非跨路部分总长约 800m，平均宽 12m
3	高线花园装饰及构筑	1100	8000	880	结合云锦桥
4	运动场地及周边（临时）	45000	200	900	人造材料（基础+面层），也可以更简易
5	北三环南侧绿地	20000	800	1600	预估（从数码港机电城到现状跨三环人行桥）
6	老金牛公园开放空间改造	18000	600	1080	
7	中环路街区一体化提升（不含建筑立面改造）	20000	800	1600	预估（中环路从金牛大道至花照壁东街段，单线长约 750m），铺装、绿化、小品等
	小计			22060	

产业部分投资

序号	项目	建设面积（m²）	单价（元/m²）	总价（万元）	备注
8	创意园建筑改造	20000	2500	5000	外立面改造
9	创意园景观	12000	800	960	
10	食尚街建筑改造	8000	2500	2000	外立面改造
11	食尚街景观	5000	1000	500	
	小计			8460	
	合计			30520	

备选方案：自金牛公园停车场，由丝路云锦空中廊道改成地面慢行系统，再经黄金部队门前路段到达漫生活商业公园。较前方案节省约 3000 万元（此空中廊道减少约 300m，增加黄金部队门前路段约 300m）

收益测算

序号	项目		面积（m²）	改造可租月租金（元/m²）	年租金（万元）	丝路云锦建成后月租金（元/m²）	丝路云锦园建成后年租金（万元）	增加值（万元）
1	创意园		20000	40	960	80	1920	960
2	新建产业建筑	售	120000	12000	144000	16000	192000	48000
3		租	120000	70	10080	120	17280	7200
4	食尚街		8000	100	960	250	2400	1440

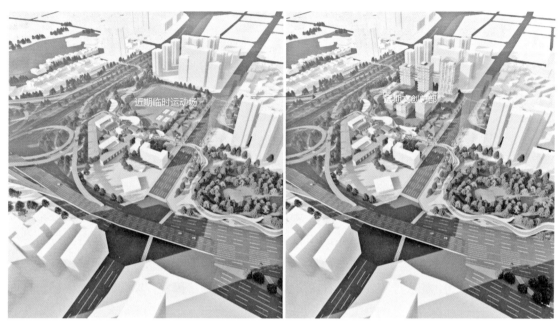

图 3-3-47　远近结合的开发策略

在投资之前，先策划谋定，提前收储（可分步实施，图 3-3-47），可实现效益最大化、效果最优化。但如果等地价、物业升值之后，再想一体化实施更新，难度会增大，代价会更高，甚至因代价太高而流产，将无法实现效果与效益的最优，导致无法实现片区的可持续发展，这才是最大的成本和遗憾。

3.3.5.4　回观反刍

（1）决策有难度

在踏勘现场时，团队已基本形成了设计思路，与业主方沟通思路时，业主方表示赞同，但同时也表达了一定的担忧，因为有很多现实问题需要大量的协调工作。后来的评审决策过程也证明了这个项目的复杂性与困难度。

策规方案首次汇报时，各部门的反馈都很好，解决方案"有一种眼前一亮的感觉"。随后，质疑的声音也很大：

第一，跨金牛大道修人行桥有政策风险，因为这是国宾和国家领导人来成都的必经之路，出于安保的考虑，修桥需谨慎（这几乎等于宣判了这个方案的死刑）。相关部门建议从金牛大道东侧的黄金部队门前穿行。但现实问题是路面通道太窄，噪声、尾气污染重，步行体验度很差。

第二，有部门认为高线桥在金牛公园内穿梭没必要，建议在金牛公园段下到地面行走，走到金府路时再上桥。缺点是一会儿上桥，一会儿下桥，体验感不好。

第三，高线桥穿过金府路后进入省电信局用地，协调用地有难度。

第四，进入机电城地块后会占用这一商业地块，影响商业价值，且认为没必要走高线，下到地面更省钱。

第五，跨北三环桥在金牛立交下匝道处新建，可能会影响司机视线，且没必要新建，在东侧 1km 处的现有人行桥的基础上改造即可。

项目审查会主要围绕上述问题，反复讨论、反复修改、反复论证。每一个问题都可能导致项目落马，但团队始终相信这些困难都不是难以逾越的，只要决策完成，再大的实施困难都会克服。幸运的是，最终实施的线路路径基本采用了最开始的构思（图 3-3-48），最大的变化是金府路桥与北三环路桥之间段改走地面了，与商业开发地块没有有机结合，体验感尚有一定差距，很大原因在于节省造价和建设周期太短等因素，期待商业地块开发时一并提升。

图 3-3-48 从新金牛公园到天府艺术公园片区鸟瞰

图片来源：上海园林

（2）创意有衰减

从连通的角度来看，丝路云锦的建设目标得以较好地实现，效果也不错（图 3-3-49，图 3-3-50），社会各界的总体评价是非常正面的。但如果以更高的专业要求来复盘，当然也有遗憾。

策规方向确定之后，后续设计院在进行深化设计时，可能由于造价、时间等方面的限制，将策划方案中的若干空中花园场景、活动场景、消费场景，几乎全部衰减，最终只是修建了一座步行连通桥（图 3-3-51），而不是充满浪

图 3-3-49　丝路云锦在新金牛公园段实景

图 3-3-50　丝路云锦穿越金牛公园段实景

图 3-3-51　建设过程中的局部航拍

照片来源：成都金牛区摄影协会、金牛区融媒体

漫诗意的"高线公园",少了些许情趣、城市话题和生活故事。对比差不多同一时期实施的上海曹杨百禧公园（全长 880m 的狭窄线性空间，可算是真正意义上的高线公园），确实少了很多场景的灵气。

原本，"丝路云锦"完全有实力超越百禧公园，成为激活北城公园城市建设的超级网红，一座有故事、有颜值、有魅力的成都新地标，然而最终它的能级远远不够。当然，实现连通只是第一步，如果后续能够随着周边地块的开发和更新，不断提升和完善，增加各种场景，还是有机会达成初心目标的。

（3）认知要共识

决策的艰难与效果的衰减并不归结于某一个人，而在于认知共识。

整个社会对创意价值的认知，对知识价值的认知，是远远不够的。在传统的设计认知中，设计院是图纸生产者，客户认图纸，并不认"点子"；客户会为一摞摞图纸买单，而不愿为创意"点子"买单。前些年我听老家一位从事建筑设计的同学抱怨，开发项目的规划方案和建筑单体方案设计都是免费送的，只有签了施工图设计合同才能收到设计费。后来才了解，这种状况在地方设计院非常普遍。2015 年前后开始，我们大力主推策规一体化设计，但真正理解策规价值并愿意为此付费的政府机构和开发单位并不多。近两年随着公园城市建设的推进，成都各级政府越来越重视策划的重要性，"无策划不规划，无规划不设计，无设计不建设"已编成口号，口口相传。但多数时候策划还只是停留在口号阶段，并没有真正成为认知的共识，更缺少相应制度的保障。

认知是关键一步，有什么样的认知就产生什么样的行为，有什么样的行为就会产生什么样的结果。很多人以为策划门槛很低，大多数设计院和设计师也都以为自己可以做，不就是写个文案，攒个 PPT 吗？很多项目业主对待策规也比较随意，认为实施方案才更有价值。然而，高水平策规的门槛其实非常高，对策规师的眼界、思维、能力和知识结构的要求都非常全面，当下"快餐式设计"培养出来的绝大多数设计师根本无法胜任这一工作。如果不为策划创意付费，就请不到真正的策规高手，一个项目很可能找不到独特的发展定位，不但达不到投资预期而且极易成为同质化的牺牲品；有的策划方案看上去很有创意，但没有合理的投入产出支撑，不能形成闭环，也难以实现可持续运营，这样的案例比比皆是。国家每年投资那么多 PPP 项目、特色小镇、田园综合体，为什么成功的投资项目总是那么少呢？最大的浪费在于优质策划创意缺位所造成的投资浪费！方向不对，努力白费！

公园城市理念是在我国城市化率接近 60% 的时候提出的，是指导新时期我国城市发展特别是对落后的存量城市空间进行更新改造的全新理念，应改变过去那种粗放的发展模式，向绣花式、针灸式的高质量发展方式转变。针灸式的高质量发展方式首先体现在精准化、精细化的工作方式上，体现在对待设计创意的方式上，体现在策划、规划、设计、施工和运营的每一个环节上；因为每一个环节的核心价值都是其他环节所不能代替的，试图忽视某个环节，"隔着锅台上炕"，是要付出代价的，最终都将走上粗放式发展的老路。

评判是高质量发展还是粗放式发展，主要看结果，看效益，包括社会效益、经济效益和环境效益，以效益论英雄。如果结果是我们想要的结果，恭喜你；如果结果距离我们的预期还有差距，那就应该反观我们在行动上出现了什么问题，最终会发现根源问题出在认知上！

在"丝路云锦"项目汇报文本中，特意加了一页 PPT：公园城市建设项目的初级阶段是完成绿道和桥梁的简单连接，中级阶段注重场景和漫生活体验的构建，高级阶段能够催生新经济、促进片区发展。以这个标准来判断，显然参与各方并没有就建设标准问题达成认知共识，目前已呈现的丝路云锦尚是一个初级阶段的公园城市连接工程，未来的进化方向是成为一个中高级别的公园城市建设事件。

3.4　策规引领的 EPC 实践

EPC 总承包解读：

① **设计是定品位的。** 设计是对具体的造物活动进行预先的计划，以策划定位和方向为指导，在规划布局的框架下，丰富具体的造物细节，包括空间、形态、体量、材质、色彩、尺寸等内容，使其可实施。品位不佳，难登大雅。

② **施工是定品质的。** 施工是按计划进行建造，施工工艺、工法、材料、造价等直接影响施工质量和呈现效果。品质不高，项目粗糙。

③ **设计施工一体化。** 园林营造与土建工程最大的不同在于，园林是活态艺术，需要在项目现场进行二次创造。设计施工一体化能确保对图纸不能表达的活态部分的理解保持延续，从而使造物计划能够完整实施。

鉴于 EPC 总承包模式的优势，国家住房和城乡建设部、国家发展改革委于 2019 年 12 月发布"关于印发房屋建筑和市政基础设施项目工程总承包管理办法的通知"（建市规〔2019〕12 号），被业内认为是国家鼓励并规范 EPC 总承包模式的举措。但在具体实施过程中，不同项目的建设效果与效益差异较大，甚至很多项目展现出的负面效应更大，导致很多地方政府和业主方并不建议采用总承包模式。个中原因很多，可能有业主方的认知与管理问题，也有总承包方的管理能力与管理经验问题，但总承包的组织主导问题是较为普遍的问题。

"要积极探索以设计为主导的 EPC 模式，因为 EPC 项目的盈利空间主要集中于"E"，即通过设计优化与统筹管理，保证效果质量，节约工期，降低造价。"——王国平 [1]

笔者在十几年前向时任杭州市委书记王国平汇报方案时，能明显感受到其在城市建设领域的前瞻性，近读他的文章和发言，观点犀利而深刻。笔者从事设计、营造近 20 年，且都是亲身实践每一个环节，实操多个 EPC 项目，可以说是尝遍个中酸甜苦辣。对于 EPC 的理解，笔者曾在业内多次发表看法："设计应主导 EPC，不是设计主导的 EPC 多是假的 EPC"，但真正理解并认同这一观点的人士并不多，没想到王国平这样级别的领导专家对建设行业实操层面的认知竟是如此深刻。

在前述回观反刍"悠竹山谷"和"丝路云锦"两个项目时，建成的效果与效益与最初的设想之间，都产生了不同程度的衰减。主要原因在于从策规阶段到设计实施阶段，设计创意在不同的设计阶段之间以及从设计到营造之间产生了衰减。造成衰减的原因有以下三种可能因素：

① **认知上**。各方对规划蓝图的理解以及应达成的预期效益没有达成认知共识，或者对专业的认知和对项目的认知压根就没有同频。

② **能力上**。认知能力本身就是能力差异的体现，另外设计能力、组织能力、工艺能力、管理能力等方面的差异都可能导致效果与效益的衰减。

③ **心态上**。如果没有对项目负责，对投资负责的责任心，即使在认知上一致、实施能力上达标，结果也会差异很大。成功的项目需要奋斗、负责任的心！

从五阶段三因素网状结构分析图（图 3-4-1）可以看到，一个项目的成

---

[1] 资料来源：王国平：关于"公园城市"的思考＿城市怎么办（urbanchina.org）. 王国平：杭州城市学研究理事会理事长，浙江省首批新型重点专业智库"浙江省城市治理研究中心"主任、首席专家，浙江大学兼职教授、兼职博士生导师，中央美术学院客座教授、客座博士生导师。

功需要这么多因素共同作用，而其中一个因素的不足都可能导致项目的不成功。正是基于上述原因，近年来对于重点项目，笔者倡导策规引领的 EPC 总承包模式，一个主体对全过程和结果负责。这是对一个企业、一个团队综合实力的考验和检验。当然，前提是找到靠谱的公司和团队。

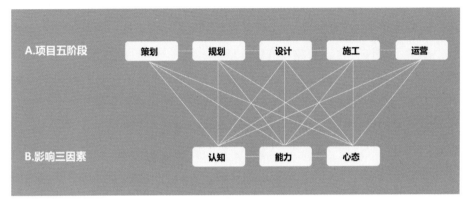

图 3-4-1　项目五阶段与影响三因素系统分析

有人说，找到一家不靠谱的公司的概率是很大的，如果把鸡蛋放到一个篮子里，风险岂不是很大？这种担忧有一定道理。但如果从风险概率的角度来看，找一家公司的风险大还是找 5 家不同公司的风险概率更大呢？这还不算不同公司之间大量的沟通、协调、衔接工作。此时，我想起了一位颇有见识的领导的讲话：找到了好的合作伙伴，你就成功了一半！这个好的合作伙伴需要与所服务的项目在认知、能力、心态三个方面都具有较强的匹配度。正是基于这样的认知共识，我们得以有机会在成都北城实现了一系列高水平的设计施工一体化项目，包括九里九园之临水雅苑和亲水园。

3.4.1　九里策规下的临水雅苑——山水叙事，文脉复兴

3.4.1.0　引言

中国，曾经是一个诗情画意的国度，诗意遍布城乡之间，而今的城市，灵魂追不上时间的步伐。我们今天的生活方式深受西方现代主义生活方式的影响，我们对城市公园设计优劣的评判也基本以自我解读的西方现代主义价值体系为判断标准。虽然很多人喊着要回归中国文化传统，但心里也难免忐忑，甚至手足无措，因为接受的教育体系和专业训练都是西式的，一时半会儿尚难以重建新的体系。这是当下我们不得不面对的一个社会现实。

在我国快速城市化初期，"没有见过世面"的景观设计师对公园设计从风

格到形式、从空间到内容都不可避免地向西方学习，这本无可厚非。但今天，我们已经处在文化自信的十字路口，是否可以创造出适合中国民众现代城市生活并引领民众文化自信的公园营造呢？愚以为尚待时日，今天大多数的景观设计师仍然处于文化断层之中，处在自我文化觉醒和自我创新意识的前夜。

园林营造曾经是一个文人主导的、文人和工匠紧密配合的、凝聚时代智慧的高级社会活动。但今天的园林营造与文人几乎弱关联，大部分园林营造似乎缺少了些许美学、情趣、情怀、意境、灵气与个性等这些美好的东西，园林成了绿化工程，成了生态修复工程；园林设计成了一项工程技术型服务，园林工程带有强烈的工程功利色彩，缺少了精工细作，甚至沦为粗制滥造，充斥着铜臭味……这是我们所需要的吗？这就是专业的进化、时代的进步吗？每每想起这些，不免后脊发凉，额头冒汗。

路漫漫其修远兮，吾辈当知耻而后勇；有时虽知螳臂难当车，仍求索而不懈。我们一直在努力寻找传统中的创新传承，以求满足当代人的山水乡愁，回归诗意的精神家园。15年来，我们一直在呼吁并积极实践"设计师工匠化"，以文人情怀引领工匠精神，对园林营造全过程参与，以求真正实现山水文脉的当代复兴。

3.4.1.1 方案的理想与情怀

（1）项目背景

临水雅苑基地西北、东北、东南三面临高架和主干道，南侧濒临锦江，规划总面积约11.87hm²。现状场地北侧成彭立交下场地内有一座小山包，沿北三环一侧现存一组仿川西民居的小型园林建筑群，东部还有尚在使用的物流仓储用房等工业时代的历史遗存，其余场地已经完成拆迁，场地平整。

"历史文化是城市的灵魂"。初次踏勘临水雅苑时，初步判断工业遗产和山水文脉应予以保留与适度更新。北宋山水画大师范宽的《溪山行旅图》（图3-4-2）自然地浮现在脑海中（思维方法参见第2.8节），特别是行旅图画面前景的溪水跃动，山径上一队人马沿溪行进，幽静而富有生气。因此，在上位九里公园的策划规划设计中，就提出复兴蜀韵山水，并在临水雅苑地块规划出山水骨架（详见图3-3-7）。作为九里片区的先锋和样板启动，临水雅苑恰恰具备将"山水"引入城市的基底（图3-4-3），向上承继成都总体规划的大山水理念，向下引领实践"公园城市"的高级形态，建设"山水城区"（详见第3.2.3节）。

图 3-4-2　北宋山水画大师范宽《溪山行旅图》

图 3-4-3 临水雅
苑景观设计构思草图

（2）山水复兴——以山水与城市对话

中国山水画里，连绵起伏的群山之中，水系时隐时现，但有水必有源，这个源头可能是远山，也可能是近泉（参见第 1.1.2.1 节）。借鉴山水画意境，将成彭高架下的山坡适当梳理增高，形成临水雅苑的背景山林，山林中置石、隐泉、叠瀑，升级成为鸣泉山。在大厂房前中央平地上挖湖以蓄鸣泉之溪流，挖出的土方在锦江北岸堆出土丘，名为艺朵丘。在鸣泉山与艺朵丘之间自然形成一座山谷，名曰百花谷，谷中湖面命名为桃花潭，潭中小岛即为桃花岛。一座真山真水的自然山水园林格局已然生成（图 3-4-4，图 3-4-5）。

鸣泉山林是整个场地的背景和起源地，鸣泉即为水之起源，水流沿溪谷流入百花潭与现状荷塘，最后汇入锦江。这个水体也是雨水海绵净化系统的载体。山谷之间采用栈道、栈桥连接，能够让从美术馆（大厂房改建）漫步到山中的游客感受到山涧之清幽、山泉之清澈、山林之静谧（图 3-4-6），正如《溪山行旅图》前景中的溪桥幽涧，水际兀石，丛树行旅（详见第 2.7 节）。

百花谷位于整个场地的中心地带，南北两座山丘，东西两个建筑功能区，沿湖岛疏林草地之间鲜花盛开，彩蝶飞舞，宛如城市中心的世外桃源，故取名百花谷，寓意文创艺术在金牛九里百花齐放，百家争鸣。百花谷有林间小道穿行，时而开敞，时而密林，鲜花盛开，步移景异（图 3-4-7）。沿湖岸和小岛可以举行四季花展和户外艺术活动。

图 3-4-4　临水雅苑总平面

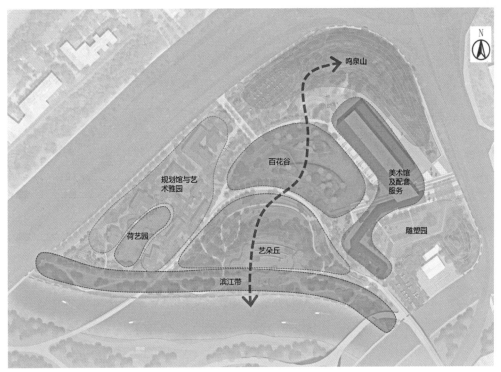

图 3-4-5　临水雅苑功能结构

图 3-4-6　鸣泉山前的溪流幽涧效果图

图 3-4-7　从百花谷看向艺朵丘效果图

　　艺朵丘是整个山水骨架的关键，遵循上位规划的见山亲水理念，形成一个山水相依的空间结构。山丘顶部设计一个观景平台和儿童云朵乐园，南坡是面向锦江的休闲大草坪。锦江岸边结合亲水平台设计两片云朵廊架，构筑了一个聚人聚气的公共活动空间，提供给人们独特的观景与滨水休闲体验（图3-4-8）。

图 3-4-8　从锦江视角俯瞰艺朵丘

（3）业态复兴——用艺术与世界连接

在后工业时代，文化软实力成为国际城市的核心竞争力。城市发展将围绕科技、金融、教育、文创、艺术等活力产业，且相互之间不是孤立的，而是相互促进、共生共荣的关系。发展新经济新产业需要以科技引领、文创艺术先行来激发片区活力，提升区域整体竞争力。金牛区作为成都五城区之一，城市更新的压力较大。提升北城的文创艺术氛围，就是提升吸引力与活力，这是城市更新的捷径，也是必由之路。因此，在前述九里片区上位规划就确定引入文创业态，将文化艺术资源转化为城市更新的驱动力。

基地内现有大厂房空间最适宜做美术馆展览空间，可承接成都"中优"所确定的城市级美术馆。美术馆是艺术交流平台的高级形态，自带光源，是城市中的"文化磁场"。设计保留原厂房红砖红瓦的历史印记，并以新工艺材料与质朴材料的对比赋予其现代时尚感（图 3-4-9）。内部大空间以文化艺术展览为主，辅以艺术讲堂、学术交流、新品发布和时尚秀场等功能。

南侧条形围合建筑作为美术馆的配套服务建筑，通过钢与玻璃构架连接，形成艺术街区的氛围。底层通透，两侧开门，室外布置阳伞咖座，业态主要为文创商店、艺术书店、艺术咖啡、艺术手工坊。二层和三层主要是美术馆的运营办公和艺术品收藏场地。配套服务建筑与加油站之间是一个围合空间。加油站北侧堆高地形，形成背景山林，向北形成 3 层阶梯退台，形成富有空间变化的半围合院落。可举行国际雕塑艺术展、创意市集和周末鲜花集市等活动。

图 3-4-9 红砖大厂房区域改造前后对比效果

西侧现状仿古建筑群中最大的一栋建筑建议改造为九里规划展示中心，作为展示和宣传锦江九里公园发展蓝图的阵地。辅楼可作为九里水岸文创艺术委员会（建议）的办公场地，委员会负责九里片区文创艺术的发展规划与落地招商运营等工作。其余建筑以艺术雅尚为主题，建筑风格偏新中式，主要功能与九里美术馆业态配套互补，设立私人画廊、艺术基金会等商业运营机构运作美术馆相关业务，实现生态价值和艺术价值向商业价值转化。

（4）运营逻辑

本次设计从整个九里片区的宏观发展视角出发，以"看大局、观未来、算大账"的运营理念，力求用文旅运营的思维将临水雅苑打造成为一座城市山水型艺术公园，北城文创艺术交流与城市微度假目的地。招商运营逻辑为：

① 建立九里规划展示中心，打造山水环境，提升区域的环境品质，为九里片区招商做好铺垫，传递发展信心。

② 在一期建设的同时，精准招商，先招九里美术馆的投资运营商，招引有影响力、有资源的好商，根据商家需求进行建筑空间设计（图 3-4-10）。

③ 如果主体商家能提早落地，则配套服务商很好招，依托美术馆的私人画廊、艺术基金会也会随之而来，优中选优，良性发展（图 3-4-11）。

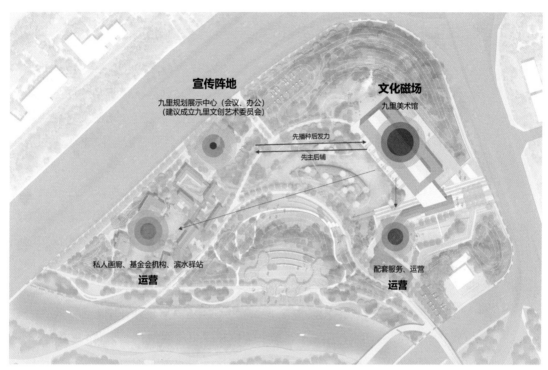

图 3-4-10　运营逻辑与空间布局示意

建筑招商面积指标分析			
	项目名称	占地面积（m²）	备注
主体建筑	① 九里美术馆	4650	
配套建筑	② 九里美术馆文创商店	180	
	③ 艺术书店	150	
	④ 艺术咖啡馆	300	
	⑤ 雕塑、玻璃艺术手工体验坊	400	
	⑥ 厕所+管理用房	200	
艺术雅园	⑦ 九里规划展示馆	960	
	⑧ 会议室	160	
	⑨ 九里驿站	220	
	⑩⑪⑫ 私人画廊三个	840	
	⑬⑭ 艺术机构办公2个	400	
	⑮⑯ 艺术基金会办公2个	370	
总计		8830	

美术馆运营商招商意向			
	博物馆名称	投资人信息	设计师信息
国际	古根海姆博物馆（毕尔巴鄂、纽约、威尼斯）	古根海姆艺术基金会	弗兰克·盖里弗兰克·劳埃德·赖特弗兰克·盖里
	泰特美术馆	亨利·泰特家族	赫尔佐格和德·梅隆
国内	华美术馆（深圳、上海、西安、北京）	华侨城集团	都市实践
	上海喜马拉雅美术馆	证大集团	矶崎新
	龙美术馆（浦东、浦西、重庆）	收藏家刘益谦、王薇夫妇	建筑师仲松、柳亦春
	民生现代美术馆（上海、北京）	民生银行	雅克·费拉耶朱锫
	余德耀美术馆	余德耀艺术基金会	日本 藤本壮介
	复星艺术中心	复及复星基金会	托马斯·赫斯维克

图 3-4-11　业态布局与招商建议

3.4.1.2 实施的现实与挣扎

（1）方案调整的无奈

临水雅苑的方案设计立足于现实条件，但又远远不止于条件局限，应该说既有理想情怀，也有较强的落地实施性（图 3-4-12）。但理想与现实之间总有或多或少的障碍，真正的落地实施过程总会面临着这样或那样的现实挑战。

① **用地协调。** 成彭立交下的现状土包、熊猫绿道、锦江绿道都属于市级平台公司管辖范围，已经修好的绿道范围不允许变动。原先设想的临水雅苑整体打造计划无法实施，特别是两个精彩部分水之源鸣泉山和锦江边的亲水平台、云朵廊架都被迫取消。

② **水务协调。** 由于临水雅苑属于二级水源保护地范围，因此水务部门不允许有任何污水甚至雨水排到锦江里，场地内不允许开挖湖面（据说开挖湖面会导致锦江水污染），方案中的桃花潭只能取消，改为草坪；另外也不允许在本段锦江岸边设置亲水平台（这比一级水源保护地的规定还要严格）。

图 3-4-12 临水雅苑总体鸟瞰
图片来源：上海园林

③ **建筑指标的协调。** 根据公园设计规范，如果按照综合性公园来计算，则临水雅苑的建筑占地指标可以有 6%，可建建筑占地面积指标约 6609m²，而现有保留建筑占地面积 8830m²，超出一定的指标。而且如果计算建筑指标时，还要扣除已建绿道所占面积，则指标更少。原有建筑拆了可惜，不拆则无法办理产权等相关手续，部门之间协调耗费较长时间。

④ **慢行连通的协调。** 城市主干道中环路将临水雅苑与亲水园、府河摄影公园与上新桥公园之间割裂，绿道不能畅通，行人需要绕道约 200～300m 才能越过中环快速路。修建连接 4 个公园的人行景观桥非常有必要，对九里公园建成后的整体运营也非常关键。在上位九里公园的规划中就已经规划了这座 U 形桥（图 3-4-13）。但由于不同公园的归属不同，迟迟未能就修桥问题达成一致。

图 3-4-13　跨中环路、连接 4 个公园的 U 形桥

以上问题涉及相关手续审批或产权协调的问题，如果有市级层面强有力的支持，可能都不是难事，而如果是平行部门之间的协调，则往往很难，这也是普遍现象。协调不成则只能不停修改设计方案，甚至有些面目全非，原先设想的山水意境、情趣就大打折扣。团队曾无奈地调侃：不要宣传是我们

的设计作品。多少折射出理想在现实面前的苦涩与无奈。由此可见，完美实现初心愿景是多么不易，天时、地利、人和，缺一不可，需要机遇，甚至需要一点运气。而以辩证的眼光来看，运气又是留给有准备的人的，当机遇降临的时候，你是不是具备了抓住运气的实力？一名好的设计师（策规师）一定是一个理想主义者，投入情感，感动自己，才能让他人有代入感，从而感动他人。正如伟大的浪漫主义诗人李白，虽然他一生历经坎坷，但总能保持豪放的想象、不羁的理想。他一生都是一个理想主义者，它的诗歌总能让人有画面感，共情甚至神往。虽然他没能做成达官显贵，甚至有些落魄，但并不影响他的伟大，他的诗歌代代相传。

做一个项目就像谈一次恋爱，全情投入，才能尝到真爱的滋味。以结婚为目的恋爱，才有可能走进婚姻的殿堂，至于能不能终成眷属，要看缘分，正如项目蓝图能不能完美呈现，要看机遇。

（2）设计师工匠化

景观设计师在项目营造过程中到底应该扮演什么角色呢？这是行业内一直面临的一个争论。要看扮演什么角色，首先看项目性质，设计与施工分离还是设计施工一体化；二看景观师的能力。

大多数情况下，设计服务单位与施工营造单位是分离的，设计单位在施工图交底之后的设计阶段称为施工配合或现场服务，一般会在设计合同里签订服务次数。设计师的主要职责是配合解决图纸本身的相关问题，或者图纸与现场不匹配的相关问题。设计师去现场多是走马观花式的"指导"。还有一种是约定指派设计师驻场服务，一般大型项目才会出现这种情况。但往往业主方并不愿意为此额外支付设计费用，设计单位也并不会派驻真正有实力、有经验的"老鸟"，毕竟成本太高。而年轻设计师几乎都是小白，往往会对施工单位的问题丢一句"按图施工！"，久之，则被施工单位鄙视、嫌弃。不管是约定服务次数还是驻场服务，设计单位和施工单位往往会因为景观效果不理想而相互推诿指责。设计单位指责施工单位不专业、不按图施工，施工单位指责设计单位水平不高、图纸不好；业主方往往真假难辨，不了了之。

还有一种模式是设计施工一体化总承包模式，由一家单位（或联合体）总负责，交钥匙。这种模式对现场设计师的能力要求就很高。一般我们所说的景观设计师其实又细分为两类，前期方案设计师（主要的工作环节分为总图创意、建模、渲染、文案、排版等）和后期施工图设计师（主要的工作环节分为园建、建筑、植物、结构、水、电、暖、造价等）。一名设计师的擅长和精力都是有限的，因此，一个项目一般是由很多设计师共同协作完成。而一名合格的现场设计师最好具有上述各环节的设计经验，具备能在工程现场掌控各技术环节的能力，他不一定每个项目都"自己养猪"，但最好有"自己养过猪"的经历，这样就能有效协调植物和硬景设计、工程进度、施工工艺、成本造价和景观艺术效果，我将其称为"通才型景观师"。

从景观人才的培养方向来看，一方面是专业分工越来越精细，另一方面是需要通才型设计工匠，这是两种截然不同的人才进化方向。相比之下，显然通才型景观师培养起来更有难度，需要更多时间磨炼，现实情况当然是非常稀缺！基于多年的实战观察，一个高标准要求的景观 EPC 总承包项目，如果没有设计工匠的掌控，往往很难达到预期的效果与效益目标。因为，园林是一门活态艺术，景观意境、情趣需要文人情怀与工匠技艺将图纸在现场进行二次创造。

以工程思维看待景观营造，并试图完全按图施工的尝试，将很难实现有情趣的高品质景观效果。这不是危言耸听，而是残酷的现实总结。这是多数业主方在走过弯路、付过学费之后的教训总结，还有很多业主方自始至终都无法知晓这一行业秘密。目前多数 EPC 项目都是施工单位牵头，景观效果与效益多不理想。由此，很多业主方得出结论：EPC 弊大于利，不再采用 EPC 模式。正如吃过鸡肉（假的天鹅肉）就说天鹅肉不好吃，这真的不是天鹅的错；当然这种认知也没有错，因为当今 90% 以上的所谓"天鹅肉"都是鸡肉冒充的。不是设计工匠主导的景观 EPC 多是假的 EPC，已经成为行业共识。

临水雅苑项目作为一个由景观设计工匠牵头的异地 EPC 总承包项目，设计内容全部由上海团队完成，而派遣通才型景观设计师驻场服务遇到了一定的困难。考虑到长期发展的预期，经多方物色，严格面试，才招聘到一名有发展潜力的本土景观师，经过培训，以及上海团队的全程紧密支持，基本完成了一名设计工匠的使命。在临水雅苑项目上，设计工匠在施工现场的管控要点主要有：放线复核（特别是曲线塑形）、地形塑造、选材定样、样板试验定稿、细节工艺管控、苗木选型控制、苗木搭配再造、定制加工等环节。而且设计工匠在项目现场的协调工作，对于前述方案调整的各种汇报会、审查会起到了很好的衔接作用，大大缓解了上海总部设计团队的飞行服务压力，提高了工作效率。

（3）工匠师专业化

当前，社会对景观工程施工的认知普遍还停留在"铺铺路、种种树"的阶段，似乎什么人都可以干。于是乎，昨天还在田里插秧的老大爷今天就到工地种树了，潜台词就是：种树谁不会啊，我家地头上的树都是我一手栽下去的，都长老高了。

景观工程确实门槛低，无论是造房子做土建的，还是做市政的，只要有图纸，都可以按照图纸造出来。但没有对比就没有伤害，要造出精品、做出艺术意境，确实没那么简单。这跟写字是一个道理，上过学的人都会写字，但写得好的人很少，能成为书法艺术家者更是凤毛麟角。精品景观需要专业化的各工种工匠队伍，从主材采购开始就有很多学问，包括土建结构、铺装工匠、土方造型、植物搭配、特色花镜、景石摆放、儿童设施、钢结构、木工、水电工、成本控制等等，每一个环节都有各自的工艺特征，想靠一个班组把各工艺环节都干出高品质，几乎没有可能。

成都近几年建成的公园多呈现一个模式：在空间组织上，空间开阔，几乎步移景同、一览无余，缺少视线变化和景观体验上的情趣。在植物种植上，几乎都是上层乔木、下层花镜与草皮两个层次结构，而且乔木种植以一个品种片植为主，很少见到多品种多层次的组团搭配。有人鼓吹说当地就喜欢这种"密不通风、疏可跑马"的风格，笔者是有些将信将疑的。如果一个城市的公园只有一种风格，无论如何是讲不通的。后来跟本土同行交流时，才知道并非如此，成都也曾向上海学习海派园林的精致，但由于本土施工工艺水平达不到、做不好，又改回了这种风格而已。在这种所谓的"密不通风、疏可跑马"的风格下，本土的景观设计机构画图简单，施工单位施工也简单，一般的市政、房建公司都可以按图施工造出来，皆大欢喜。大概率这是一个没吃过天鹅肉，便说鸡肉是最爱的故事。

基于对这些信息的综合研判，我们认为要找机会为成都呈现一个海派风格的高品质公园，临水雅苑就为我们提供了这么一个机会。起初，参建各方在植物种植方式的选择上，产生了比较大的分歧，大部分人建议采用成都常用风格会比较保险，但我们认为再用成都已经成熟的风格已经意义不大，要做就做与本地不一样的东西，这才是我们上海园林来成都安身立命的价值。最终市区各级领导和当地老百姓的高度评价也证明了当初洞察决策的正确。

后来，随着对成都园林行业发展的了解越来越深入，客观来讲，整个成都社会对园林营造品质的认知和重视程度与江浙沪尚有一定的差距。城市层面的园林管理体制机制和标准都还没有建立起来,譬如园林工程的验收没有园林质监站这样的专业机构(注:至本书写作将要完成时,已在市公园局下设质监站),而是按照市政类工程验收标准,园林营造的标准要求就比较低;专业人才特别是施工工匠的培训、认证、管理也都尚未形成体系,没有培养出一支园林专业化和职业化工匠队伍,而且还尚需要大量高品质项目的锤炼和时间的沉淀,非一日之功。

另外,从项目管理的角度来看,无论是一个景观营造项目,还是一个市政工程项目,项目管理四要素——安全、进度、成本、效益(含效果),从表面看是基本一致的,但其隐性内涵差别却很大(图3-4-14)。专业技术人才、专业工匠的工艺水平,对主材、苗木、景石等专项优质资源的调配能力,项目精细化管理组织流程、管理考核体质机制等,都有专业差别。市政工程的质监、验收标准中缺少对园林的活态部分、艺术部分的评价标准,以工程思维指导、建设、质监、验收、评价园林项目,最终的效果品质注定不会高。由此造成的结果就是,"好看的皮囊本就不多,有趣的灵魂就更少。"

图3-4-14 显性和隐性的项目管理四要素

临水雅苑项目的施工管理团队基本从上海抽调派遣,起初在施工组织上遇到了本土"专业工匠荒"的困难。虽然项目并不算很大,但"麻雀虽小,五脏俱全",几乎每一个专业工种都会涉及;当地工匠的工艺水平达不到项目要求,最终只能从上海、华东其他项目上调配人手。如儿童游乐设施的定制加工、花境植物的采购种植、自然景石的置放等专项资源都是从上海调配，这些异地资源的调配都在无形中增加了项目成本，但有力地保障了项目的建成效果。

（4）设计师与工匠师相爱相杀

临水雅苑呈现出的精致品位正是文人情怀和工匠精神的结晶。前文讲到设计单位与施工单位的分离模式容易导致项目失败而责任不明，EPC 模式由于是一家主体单位全程实施而没有退路，更适合精品园林项目。EPC 项目中景观师所代表的设计团队与工匠师所代表的施工团队是一个景观营造项目中既分离又紧密配合的搭档。设计工匠应具备引领施工团队在现场进行艺术再造的能力，但往往二者也会在景观效果与成本效益的选择之间发生分歧。本质在于文人情怀的完美主义情结往往是不计成本的，甚至不惜将铺装砸掉重铺、树木拔掉重栽，而施工管理团队要考虑经济效益，毕竟真金白银是不能亏损的。这一矛盾不可避免，即使是设计工匠自己兼任施工项目经理，也会面临这样的艰难选择。景观营造过程中，以下三个矛盾冲突比较普遍：

① **土建结构的矛盾冲突。** 近年来，国家对基础结构采用比较严格的规范标准和图纸审查制度，对图纸签字人员实行终身负责制。因此，设计人员在进行结构设计时依据国家规范，相对比较保守，本也无可厚非。但施工人员、监理和业主方工程师依据过往经验会质疑结构设计过大，造成成本浪费，往往会要求结构设计进行优化调整。结构工程师则会针锋相对，要求相关责任方出具责任分担书面文件，规范如此，只得遵守。举一个实际案例，十几年前，国家对工程责任追究没有现在这么严格，一家合作的水工设计单位接受了业主方改变结构形式以减低造价的要求，结果施工完成一年后，河堤护岸在底层淤泥的作用下发生了位移，这一不良后果当然主要由设计单位承担。一朝被蛇咬，十年怕井绳。近年来，多数设计单位在结构设计上都相对比较保守。

② **苗木选择的矛盾冲突。** 苗木的选择和种植是景观营造项目中最难标准化，也最体现营造水平的部分。同样胸径、同样高度、同样冠幅的两棵树，价格可能会差两三倍不止，这就是树形的饱满度、匀称度和优美度的差异，这些审美方面的差异往往是很难设定统一标准的，毕竟没有两棵树是完全一样的。有时根据环境建筑、滨水空间、视线引导、空间组织的特点，可能搭配一棵歪脖子树会更有灵气，这都是仁者见仁，不拘一格的。这个过程中的自由裁量度是效果导向还是效益导向，往往是设计师和施工管理之间矛盾的焦点。种植效果差强人意的项目多是效益导向占主导，甚至完全不考虑

效果意境，因为在这些施工管理人员眼里，这是一项工程，树木与铺装石材一样，是没有生命的。

影响苗木选择的另外一个关键因素是审计认价。苗木价格的参考认定标准有政府部门公布的市场信息价和市场询价两种。市场信息价参考目录上的苗木品种主要是本地采购量比较大宗的苗木品种，参考价格是同类普通苗木的市场平均采购价，而非精品苗木的采购价格。如果只是按照市场信息参考目录上的苗木品种和苗木标准进行采购，是无法实现高品质园林项目的；高标准项目中至少有一半左右的苗木是市场信息参考目录上没有的，从而需要考察苗木市场，进行市场询价。在市场询价环节中，业主方派遣的审计人员往往会去互联网上找到苗木商，电话询价。网上的苗木商出于招揽生意的目的，会以低价策略吸引顾客；当你到他的苗木基地实际看苗时，你原先询价所对应的苗木多是低质苗，如果选用精品苗木则价格会高出很多。如果审计人员没有上述实战经验，施工方的造价员和审计人员之间就会陷入深深的矛盾之中。审计人员会认为施工方的报价是狮子大开口，施工方造价员会认为对方不可理喻。一般情况下的解决方案，是由相关部门牵头组织一个由业主方、监理方、设计方、施工方、审计方和纪委监察部门组成的联合询价组，前往多个苗木基地现场询价、比价，最终定价。这是一个漫长而痛苦的过程。

③ **决策机制的矛盾冲突。**经济基础决定上层建筑，这句话同样适用于设计师与工匠师之间的矛盾解决决策机制。一般情况下，设计工匠在施工过程中的角色定位是服务和技术指导，并不对项目的经济效益负责，也没有有效手段和机制限制施工团队对经济效益的追求限度。设计工匠对精致效果的追求并没有制度保障，如果施工团队拒不采纳其建议，矛盾冲突不可避免，这也是最难解决的一种矛盾冲突。

理想与现实之间需要达成平衡。设计工匠与施工团队的目标应是一致的，即在保证合理经济效益的基础上做到最佳的景观效果，二者相互探讨、相互配合、互相促进，最终取得安全、成本、工期、效果四个方面的丰收（图 3-4-15）。

近年来，很多城市开始在建筑领域推行"EPC ＋建筑师负责制"，所有设计内容包括材料、工艺等都由项目建筑师签字认可，建筑师虽然更累一点，但效果得到各方的普遍认可。作为现场再造弹性更大的园林景观设计，更应该推广"EPC ＋景观师负责制"，或许这是一个必然趋势。

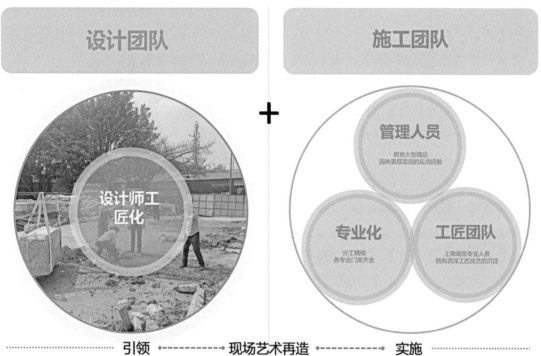

图 3-4-15 设计团队与施工团队现场再造配合模式

3.4.1.3 如是我观

临水雅苑项目从前期的设计工作,到一期景观工程建设基本完成,历时一年半时间。在 2021 年年中成都市"公园城市"建设示范项目大调研活动中,时任市委书记、市长等领导调研临水雅苑项目,对项目的高起点规划、高标准设计和高质量建设给予了高度评价,并建议市区城建系统相关领导、局办和各级城投公司前往调研学习交流。此后,相关调研团队纷至沓来,好评不断。

（1）经验总结

回顾项目的设计建设过程，以下三点经验可能会对公园城市建设具有一定的借鉴价值。

① 着眼全局，以片区思维谋划

运用片区发展思维进行顶层谋划（思维方法参见第 2.2 节），洞察片区的独特潜质与未来的发展趋势，描绘出片区发展蓝图并在实施过程中一以贯之。本项目的建设实施是以锦江九里公园策规（详见第 3.3.1 节）为策动，采用化零为整的策略（详见第 2.3 节）整合为一个巨型的"中央公园"——锦江九里公园，以整体思维定位，构建空间发展框架，使公共开放空间与周边功能区加强互动，带动区域活力的提升和土地价值的升值，从而形成城市更新的驱动力。仅仅把临水雅苑建设成为一个社区级或市区级的环境优美的城市公园，对区域发展的意义并不大，而是作为九里片区的先锋和样板启动区，成为在业态和形态上均对未来九里片区的城市更新具有引领性作用的城市山水型艺术公园。

② 服务全程化，一张蓝图绘到底

保证一张蓝图绘到底最好的方式就是确保业主方管理团队与设计团队的稳定性。本项目从九里片区的整体策划规划（详见第 3.3.1 节）到临水雅苑的景观设计，以及设计工匠服务都保持了团队的稳定性，避免了不同团队之间衔接过程中的信息不对称、理念冲突、效果衰减等障碍。沟通顺畅且设计理念延续性强，蓝图的实现度就更高。同理，如果一个部门、一个企业、一座城市，或者一个国家，走马灯似地进行人员更替，将不利于发展。

③ 工匠产业化，专业的人干专业的事

景观营造不同于房建或者市政道桥工程按图施工即可，园林景观更讲究艺术情趣和意境的营造，这需要从业人员的专业化和产业化，特别是营造工匠。施工管理人员和营造工匠对图纸所表达出的设计意境的理解与现场再造能力非常关键，同样一套图纸不同的团队呈现出的效果往往差异会非常大。园林景观行业里常讲"三分设计，七分施工"，说的就是对图纸的理解和再造的重要性。园林营造需要底蕴，包含文化底蕴和工艺底蕴。从事园林营造的各专业资深工匠的工艺水平对项目品质的呈现至关重要。临水雅苑项目采用 EPC 总承包模式，一家公司下的设计与施工团队共同经历过很多项目的磨炼，技术标准一致，沟通顺畅，配合默契，是项目能在短时间内顺利实施并取得良好效果的一个重要保障（图 3-4-16～图 3-4-19）。

图 3-4-16 从策规
方案到景观方案再
到营造完成的效果
延续